页岩气构造地质

"十三五"国家重点图书

中国能源新战略——页岩气出版工程

编著：丁文龙　聂海宽　樊　春

華東理工大學出版社
EAST CHINA UNIVERSITY OF SCIENCE AND TECHNOLOGY PRESS
·上海·

上海高校服务国家重大战略出版工程资助项目

图书在版编目(CIP)数据

页岩气构造地质/丁文龙,聂海宽,樊春编著. —上海: 华东理工大学出版社,2016.12
(中国能源新战略: 页岩气出版工程)
ISBN 978-7-5628-4900-1

Ⅰ.①页… Ⅱ.①丁… ②聂… ③樊… Ⅲ.①油页岩—构造地质学 Ⅳ.①P618.120.2

中国版本图书馆 CIP 数据核字(2016)第 320055 号

内容提要

本书共分六章,绪论部分简要概述了页岩气构造研究意义,并介绍了页岩气构造的研究内容、研究方法及发展趋势;第1章是页岩气形成的区域构造背景,分别介绍了美国、中国页岩气形成的构造环境以及气藏特征;第2章为构造演化与特征及对页岩发育的控制;第3章阐述了岩石力学性质;第4章为地应力;第5章系统地阐述了页岩气储层裂缝类型、形成机理、发育特征、分布预测等;第6章为页岩气保存条件,包括构造地质条件、水文地质条件等。

本书可作为高等院校新能源地质与工程、资源勘查工程、石油工程和地质学专业本科生和研究生教材,也可供从事页岩油气勘探与开发的工作人员、项目管理人员以及其他相关学科的研究人员参考。

项目统筹 / 周永斌 马夫娇
责任编辑 / 韩 婷
书籍设计 / 刘晓翔工作室
出版发行 / 华东理工大学出版社有限公司
地 址: 上海市梅陇路130号,200237
电 话: 021-64250306
网 址: www.ecustpress.cn
邮 箱: zongbianban@ecustpress.cn
印 刷 / 上海雅昌艺术印刷有限公司
开 本 / 710 mm×1000 mm 1/16
印 张 / 14.5
字 数 / 227千字
版 次 / 2016年12月第1版
印 次 / 2016年12月第1次
定 价 / 78.00元

总序

一

能源矿产是人类赖以生存和发展的重要物质基础，攸关国计民生和国家安全。推动能源地质勘探和开发利用方式变革，调整优化能源结构，构建安全、稳定、经济、清洁的现代能源产业体系，对于保障我国经济社会可持续发展具有重要的战略意义。中共十八届五中全会提出，“十三五”发展将围绕“创新、协调、绿色、开放、共享的发展理念”展开，要“推动低碳循环发展，建设清洁低碳、安全高效的现代能源体系”，这为我国能源产业发展指明了方向。

在当前能源生产和消费结构亟须调整的形势下，中国未来的能源需求缺口日益凸显。清洁、高效的能源将是石油产业发展的重点，而页岩气就是中国能源新战略的重要组成部分。页岩气属于非传统（非常规）地质矿产资源，具有明显的致矿地质异常特殊性，也是我国第172种矿产。页岩气成分以甲烷为主，是一种清洁、高效的能源资源和化工原料，主要用于居民燃气、城市供热、发电、汽车燃料等，用途非常广泛。页岩气的规模开采将进一步优化我国能源结构，同时也有望缓解我国油气资源对外依存度较高的被动局面。

页岩气作为国家能源安全的重要组成部分，是一项有望改变我国能源结构、改变我国南方省份缺油少气格局、“绿化”我国环境的重大领域。目前，页岩气的开发利用在世界范围内已经产生了重要影响，在此形势下，由华东理工大学出版社策划的这套页岩气丛书对国内页岩气的发展具有非常重要的意义。该丛书从页岩气地质、地球物理、开发工程、装备与经济技术评价以及政策环境等方面系统阐述了页岩气全产业链理论、方法与技术，并完善了页岩气地质、物探、开发等相关理论，集成了页岩气勘探开发与工程领域相关的先进技术，摸索了中国页岩气勘探开发相关的经济、环境与政策。丛书的出版有助于开拓页岩气产业新领域、探索新技术、寻求新的发展模式，以期对页岩气关键技术的广泛推广、科学技术创新能力的大力提升、学科建设条件的逐渐改进，以及生产实践效果的显著提高等，能产生积极的推动作用，为国家的能源政策制定提供积极的参考和决策依据。

我想，参与本套丛书策划与编写工作的专家、学者们都希望站在国家高度和学术前沿产出时代精品，为页岩气顺利开发与利用营造积极健康的舆论氛围。中国地质大学（北京）是我国最早涉足页岩气领域的学术机构，其中张金川教授是第376次香山科学会议（中国页岩气资源基础及勘探开发基础问题）、页岩气国际学术研讨会等会议的执行主席，他是中国最早开始引进并系统研究我国页岩气的学者，曾任贵州省页岩气勘查与评价和全国页岩气资源评价与有利选区项目技术首席，由他担任丛书主编我认为非常称职，希望该丛书能够成为页岩气出版领域中的标杆。

让我感到欣慰和感激的是，这套丛书的出版得到了国家出版基金的大力支持，我要向参与丛书编写工作的所有同仁和华东理工大学出版社表示感谢，正是有了你们在各自专业领域中的倾情奉献和互相配合，才使得这套高水准的学术专著能够顺利出版问世。

中国科学院院士

2016年5月于北京

总序二

进入21世纪，世情、国情继续发生深刻变化，世界政治经济形势更加复杂严峻，能源发展呈现新的阶段性特征，我国既面临由能源大国向能源强国转变的难得历史机遇，又面临诸多问题和挑战。从国际上看，二氧化碳排放与全球气候变化、国际金融危机与石油天然气价格波动、地缘政治与局部战争等因素对国际能源形势产生了重要影响，世界能源市场更加复杂多变，不稳定性和不确定性进一步增加。从国内看，虽然国民经济仍在持续中高速发展，但是城乡雾霾污染日趋严重，能源供给和消费结构严重不合理，可持续的长期发展战略与现实经济短期的利益冲突相互交织，能源规划与环境保护互相制约，绿色清洁能源亟待开发，页岩气资源开发和利用有待进一步推进。我国页岩气资源与环境的和谐发展面临重大机遇和挑战。

随着社会对清洁能源需求不断扩大，天然气价格不断上涨，人们对页岩气勘探开发技术的认识也在不断加深，从而在国内出现了一股页岩气热潮。为了加快页岩气的开发利用，国家发改委和国家能源局从2009年9月开始，研究制定了鼓励页岩气勘探与开发利用的相关政策。随着科研攻关力度和核心技术突破能力的不断提高，先后发现了以威远-长宁为代表的下古生界海相和以延长为代表的中生界陆相等页岩气田，特别是开发了特大型焦石坝海相页岩气，将我国页岩气工业推送到了一个特殊的历史新阶段。页岩气产业的发展既需要系统的理论认识和配套的方法技术，也需要合理的政策、有效的措施及配套的管理，我国的页岩气技术发展方兴未艾，页岩气资源有待进一步开发。

我很荣幸能在丛书策划之初就加入编委会大家庭，有机会和页岩气领域年轻的学者们共同探讨我国页岩气发展之路。我想，正是有了你们对页岩气理论研究与实践的攻关才有了这套书扎实的科学基础。放眼未来，中国的页岩气发展还有很多政策、科研和开发利用上的困难，但只要大家齐心协力，最终我们必将取得页岩气发展的良好成果，使科技发展的果实惠及千家万户。

这套丛书内容丰富，涉及领域广泛，从产业链角度对页岩气开发与利用的相关理论、技术、政策与环境等方面进行了系统全面、逻辑清晰地阐述，对当今页岩气专业理论、先进技术及管理模式等体系的最新进展进行了全产业链的知识集成。通过对这些内容的全面介绍，可以清晰地透视页岩气技术面貌，把握页岩气的来龙去脉，并展望未来的发展趋势。总之，这套丛书的出版将为我国能源战略提供新的、专业的决策依据与参考，以期推动页岩气产业发展，为我国能源生产与消费改革做出能源人的贡献。

中国页岩气勘探开发地质、地面及工程条件异常复杂，但我想说，打造世纪精品力作是我们的目标，然而在此过程中必定有着多样的困难，但只要我们以专业的科学精神去对待、解决这些问题，最终的美好成果是能够创造出来的，祖国的蓝天白云有我们曾经的努力！

中国工程院院士

康玉柱

2016年5月

总序 三

页岩气属于新型的绿色能源资源，是一种典型的非常规天然气。近年来，页岩气的勘探开发异军突起，已成为全球油气工业中的新亮点，并逐步向全方位的变革演进。我国已将页岩气列为新型能源发展重点，纳入了国家能源发展规划。

页岩气开发的成功与技术成熟，极大地推动了油气工业的技术革命。与其他类型天然气相比，页岩气具有资源分布连片、技术集约程度高、生产周期长等开发特点。页岩气的经济性开发是一个全新的领域，它要求对页岩气地质概念的准确把握、开发工艺技术的恰当应用、开发效果的合理预测与评价。

美国现今比较成熟的页岩气开发技术，是在20世纪80年代初直井泡沫压裂技术的基础上逐步完善而发展起来的，先后经历了从直井到水平井、从泡沫和交联冻胶到清水压裂液、从简单压裂到重复压裂和同步压裂工艺的演进，页岩气的成功开发拉动了美国页岩气产业的快速发展。这其中，完善的基础设施、专业的技术服务、有效的监管体系为页岩气开发提供了重要的支持和保障作用，批量化生产的低成本开发技术是页岩气开发成功的关键。

我国页岩气的资源背景、工程条件、矿权模式、运行机制及市场环境等明显有别于美国，页岩气开发与发展任重道远。我国页岩气资源丰富、类型多样，但开发地质条件复杂，开发理论与技术相对滞后，加之开发区水资源有限、管网稀疏、人口稠密等不利因素，导致中国的页岩气发展不能完全照搬照抄美国的经验、技术、政策及法规，必须探索出一条适合于我国自身特色的页岩气开发技术与发展道路。

华东理工大学出版社策划出版的这套页岩气产业化系列丛书，首次从页岩气地质、地球物理、开发工程、装备与经济技术评价以及政策环境等方面对页岩气相关的理论、方法、技术及原则进行了系统阐述，集成了页岩气勘探开发理论与工程利用相关领域先进的技术系列，完成了页岩气全产业链的系统化理论构建，摸索出了与中国页岩气工业开发利用相关的经济模式以及环境与政策，探讨了中国自己的页岩气发展道路，为中国的页岩气发展指明了方向，是中国页岩气工作者不可多得的工作指南，是相关企业管理层制定页岩气投资决策的依据，也是政府部门制定相关法律法规的重要参考。

我非常荣幸能够成为这套丛书的编委会顾问成员，很高兴为丛书作序。我对华东理工大学出版社的独特创意、精美策划及辛苦工作感到由衷的赞赏和钦佩，对以张金川教授为代表的丛书主编和作者们良好的组织、辛苦的耕耘、无私的奉献表示非常赞赏，对全体工作者的辛勤劳动充满由衷的敬意。

这套丛书的问世，将会对我国的页岩气产业产生重要影响，我愿意向广大读者推荐这套丛书。

中国工程院院士

胡文瑞

2016年5月

总序四

绿色低碳是中国能源发展的新战略之一。作为一种重要的清洁能源，天然气在中国一次能源消费中的比重到2020年时将提高到10%以上，页岩气的高效开发是实现这一战略目标的一种重要途径。

页岩气革命发生在美国，并在世界范围内引起了能源大变局和新一轮油价下降。在经过了漫长的偶遇发现（1821—1975年）和艰难探索（1976—2005年）之后，美国的页岩气于2006年进入快速发展期。2005年，美国的页岩气产量还只有1134亿立方米，仅占美国当年天然气总产量的4.8%；而到了2015年，页岩气在美国天然气年总产量中已接近半壁江山，产量增至4291亿立方米，年占比达到了46.1%。即使在目前气价持续走低的大背景下，美国页岩气产量仍基本保持稳定。美国页岩气产业的大发展，使美国逐步实现了天然气自给自足，并有向天然气出口国转变的趋势。2015年美国天然气净进口量在总消费量中的占比已降至9.25%，促进了美国经济的复苏、GDP的增长和政府收入的增加，提振了美国传统制造业并吸引其回归美国本土。更重要的是，美国页岩气引发了一场世界能源供给革命，促进了世界其他国家页岩气产业的发展。

中国含气页岩层系多，资源分布广。其中，陆相页岩发育于中、新生界，在中国六大含油气盆地均有分布；海陆过渡相页岩发育于上古生界和中生界，在中国华北、南方和西北广泛分布；海相页岩以下古生界为主，主要分布于扬子和塔里木盆地。中国页岩气勘探开发起步虽晚，但发展速度很快，已成为继美国和加拿大之后世界上第三个实现页岩气商业化开发的国家。这一切都要归功于政府的大力支持、学界的积极参与及业界的坚定信念与投入。经过全面细致的选区优化评价（2005—2009年）和钻探评价（2010—2012年），中国很快实现了涪陵（中国石化）和威远－长宁（中国石油）页岩气突破。2012年，中国石化成功地在涪陵地区发现了中国第一个大型海相气田。此后，涪陵页岩气勘探和产能建设快速推进，目前已提交探明地质储量3805.98亿立方米，页岩气日产量（截至2016年6月）也达到了1387万立方米。故大力发展页岩气，不仅有助于实现清洁低碳的能源发展战略，还有助于促进中国的经济发展。

然而，中国页岩气开发也面临着地下地质条件复杂、地表自然条件恶劣、管网等基础设施不完善、开发成本较高等诸多挑战。页岩气开发是一项系统工程，既要有丰富的地质理论为页岩气勘探提供指导，又要有先进配套的工程技术为页岩气开发提供支撑，还要有完善的监管政策为页岩气产业的健康发展提供保障。为了更好地发展中国的页岩气产业，亟须从页岩气地质理论、地球物理勘探技术、工程技术和装备、政策法规及环境保护等诸多方面开展系统的研究和总结，该套页岩气丛书的出版将填补这项空白。

该丛书涉及整个页岩气产业链，介绍了中国页岩气产业的发展现状，分析了未来的发展潜力，集成了勘探开发相关技术，总结了管理模式的创新。相信该套丛书的出版将会为我国页岩气产业链的快速成熟和健康发展带来积极的推动作用。

中国科学院院士

2016年5月

丛书前言

社会经济的不断增长提高了对能源需求的依赖程度,城市人口的增加提高了对清洁能源的需求,全球资源产业链重心后移导致了能源类型需求的转移,不合理的能源资源结构对环境和气候产生了严重的影响。页岩气是一种特殊的非常规天然气资源,她延伸了传统的油气地质与成藏理论,新的理念与逻辑改变了我们对油气赋存地质条件和富集规律的认识。页岩气的到来冲击了传统的油气地质理论、开发工艺技术以及环境与政策相关法规,将我国传统的“东中西”油气分布格局转置于“南中北”背景之下,提供了我国油气能源供给与消费结构改变的理论与物质基础。美国的页岩气革命、加拿大的页岩气开发、我国的页岩气突破,促进了全球能源结构的调整和改变,影响着世界能源生产与消费格局的深刻变化。

第一次看到页岩气(Shale gas)这个词还是在我的博士生时代,是我在图书馆研究深盆气(Deep basin gas)外文文献时的“意外”收获。但从那时起,我就注意上了页岩气,并逐渐为之痴迷。亲身经历了页岩气在中国的启动,充分体会到了页岩气产业发展的迅速,从开始只有为数不多的几个人进行页岩气研究,到现在我们已经有非常多优秀年轻人的拼搏努力,他们分布在页岩气产业链的各个角落并默默地做着他们认为有可能改变中国能源结构的事。

广袤的长江以南地区曾是我国老一辈地质工作者花费了数十年时间进行油

气勘探而"久攻不破"的难点地区，短短几年的页岩气勘探和实践已经使该地区呈现出了"星星之火可以燎原"之势。在油气探矿权空白区，渝页1、岑页1、酉科1、常页1、水页1、柳页1、秭地1、安页1、港地1等一批不同地区、不同层系的探井获得了良好的页岩气发现，特别是在探矿权区域内大型优质页岩气田（彭水、长宁-威远、焦石坝等）的成功开发，极大地提振了油气勘探与发现的勇气和决心。在长江以北，目前也已经在长期存在争议的地区有越来越多的探井揭示了新的含气层系，柳坪177、牟页1、鄂页1、尉参1、郑西页1等探井不断有新的发现和突破，形成了以延长、中牟、温县等为代表的陆相页岩气示范区和海陆过渡相页岩气试验区，打破了油气勘探发现和认识格局。中国近几年的页岩气勘探成就，使我们能够在几十年都不曾有油气发现的区域内再放希望之光，在许多勘探失利或原来不曾预期的地方点燃了燎原之火，在更广阔的地区重新拾起了油气发现的信心，在许多新的领域内带来了原来不曾预期的希望，在许多层系获得了原来不曾想象的意外惊喜，极大地拓展了油气勘探与发现的空间和视野。更重要的是，页岩气理论与技术的发展促进了油气物探技术的进一步完善和成熟，改进了油气开发生产工艺技术，启动了能源经济技术新的环境与政策思考，整体推高了油气工业的技术能力和水平，催生了页岩气产业链的快速发展。

该套页岩气丛书响应了国家《能源发展"十二五"规划》中关于大力开发非常规能源与调整能源消费结构的愿景，及时高效地回应了《大气污染防治行动计划》中对于清洁能源供应的急切需求以及《页岩气发展规划（2011—2015年）》的精神内涵与宏观战略要求，根据《国家应对气候变化规划（2014—2020）》和《能源发展战略行动计划（2014—2020）》的建议意见，充分考虑我国当前油气短缺的能源现状，以面向"十三五"能源健康发展为目标，对页岩气地质、物探、工程、政策等方面进行了系统讨论，试图突出新领域、新理论、新技术、新方法，为解决页岩气领域中所面临的新问题提供参考依据，对页岩气产业链相关理论与技术提供系统参考和基础。

承担国家出版基金项目《中国能源新战略——页岩气出版工程》（入选《"十三五"国家重点图书、音像、电子出版物出版规划》）的组织编写重任，心中不免惶恐，因为这是我第一次做分量如此之重的学术出版。当然，也是我第一次有机会系统地来梳理这些年我们团队所走过的页岩气之路。丛书的出版离不开广大作者的辛勤付出，他们以实际行动表达了对本职工作的热爱、对页岩气产业的追求以及对国家能源行业发展的希冀。特别是，丛书顾问在立意、构架、设计及编撰、出版等环节中也给予了精心指导和大力支持。正是有了众多同行专家的无私帮助和热情鼓励，我们的作者团队才义无反顾地接受了这一充满挑战的历史性艰巨任务。

该套丛书的作者们长期耕耘在教学、科研和生产第一线，他们未雨绸缪、身体力行、不断探索前进，将美国页岩气概念和技术成功引进中国；他们大胆创新实践，对全国范围内页岩气展开了有利区优选、潜力评价、趋势展望；他们尝试先行先试，将页岩气地质理论、开发技术、评价方法、实践原则等形成了完整体系；他们奋力摸索前行，以全国页岩气蓝图勾画、页岩气政策改革探讨、页岩气技术规划促产为己任，全面促进了页岩气产业链的健康发展。

我们的出版人非常关注国家的重大科技战略，他们希望能借用其宣传职能，为读者提供一套页岩气知识大餐，为国家的重大决策奉上可供参考的意见。该套丛书的组织工作任务极其烦琐，出版工作任务也非常繁重，但有华东理工大学出版社领导及其编辑、出版团队前瞻性地策划、周密求是地论证、精心细致地安排、无怨地辛苦奉献，积极有力地推动了全书的进展。

感谢我们的团队，一支非常有责任心并且专业的丛书编写与出版团队。

该套丛书共分为页岩气地质理论与勘探评价、页岩气地球物理勘探方法与技术、页岩气开发工程与技术、页岩气技术经济与环境政策等4卷，每卷又包括了按专业顺序而分的若干册，合计20本。丛书对页岩气产业链相关理论、方法及技术等进行了全面系统地梳理、阐述与讨论。同时，还配备出版了中英文版的页岩气原理与技术视频（电子出版物），丰富了页岩气展示内容。通过这套丛书，我们希望能为页岩气科研与生产人员提供一套完整的专业技术知识体系以促进页岩气理论与实践的进一步发展，为页岩气勘探开发理论研究、生产实践以及教学培训等提供参考资料，为进一步突破页岩气勘探开发及利用中的关键技术瓶颈提供支撑，为国家能源政策提供决策参考，为我国页岩气的大规模高质量开发利用提供助推燃料。

国际页岩气市场格局正在成型，我国页岩气产业正在快速发展，页岩气领域中的科技难题和壁垒正在被逐个攻破，页岩气产业发展方兴未艾，正需要以全新的理论为依据、以先进的技术为支撑、以高素质人才为依托，推动我国页岩气产业健康发展。该套丛书的出版将对我国能源结构的调整、生态环境的改善、美丽中国梦的实现产生积极的推动作用，对人才强国、科技兴国和创新驱动战略的实施具有重大的战略意义。

不断探索创新是我们的职责，不断完善提高是我们的追求，“路漫漫其修远兮，吾将上下而求索”，我们将努力打造出页岩气产业领域内最系统、最全面的精品学术著作系列。

丛书主编

张金川

2015年12月于中国地质大学（北京）

前言

近年来，页岩气作为一种清洁和环保的非常规油气资源，受到了全世界的普遍关注。页岩气资源的勘探开发将会改变世界的能源格局，特别是美国页岩气的成功开采和年产量的急剧增加，现已引起世界各国政府和专家的高度关注，并在全世界范围内掀起了页岩气勘探开发高潮。而我国也已进入了页岩气勘探开发的快速起步阶段，正在全国范围内开展页岩气资源的调查评价与有利区优选，已完成了大量页岩气调查井和参数井及少数页岩气开发井的钻探，并在我国含气油气盆地内或盆地边缘及外围地区的海相、陆相及海陆过渡相富有机质页岩储集层中获得了单井页岩气突破，发现了页岩气。目前已建成重庆涪陵、威远-长宁海相页岩气田。

中国地质大学(北京)是我国页岩气地质研究开展最早的高校。经过近八年的页岩气资源地质调查与选区评价及少数页岩气钻井钻探，不仅积累了大量的基础资料，而且还取得了许多新的成果与认识。特别是在页岩气构造地质研究方面形成了鲜明的研究特色。同时，通过国土资源部多次组织的“全国页岩气资源潜力调查评价及有利区优选项目学术研讨会”等专业学术活动，使其在国内初步产生了重要影响。

页岩气构造地质是伴随着近几年来美国非常规页岩气的成功大规模地开发和我国页岩气勘探开发快速起步的关键时期而孕育出来的一个与“新能源地质勘查与评价”密切相关的重要研究方向。作者针对非常规页岩气资源勘探开发的特殊性，经过长期的页岩气构造与裂缝方面的理论研究与生产实践，厘定了页岩气构造地质的主要研究内容：包括页岩气形成的构造背景、构造变形特征与演化及其对黑色页岩发育分布的影响、不同页岩的岩石力学性质、古构造应力场分析、页岩气储层裂缝的类型及形成机理、裂缝发育特征及分布规律、裂缝发育的主控因素及其对页岩含气性的影响、页岩气保存条件等。

本书不仅对我国页岩气地质理论与方法体系建立等发挥重要作用，同时还对我国页岩气勘探开发方面的人才培养产生重要影响。此外，还将对加快“我国页岩气勘探开发的地质理论与方法体系”的建立、指导“我国页岩气资源调查评价与有利区优选”等均具有非常重要的理论价值及生产实践意义。

全书共分为七章，其中绪论，第1、3、6章由丁文龙编写，第2、7章由丁文龙、聂海宽编写，第4、5章由丁文龙、樊春编写。全书由丁文龙和聂海宽负责统稿。

本书在编写过程中，得到了国土资源部油气资源战略研究中心、中国地质调查局油气资源调查中心及国内各相关高等院校和科研院所的领导与专家们的大力支持和热情帮助。本书还参考和吸收了国内外许多专家的科学研究成果，在此一并表示衷心感谢。

由于时间仓促、水平有限，书中难免存在不足之处，敬请广大读者批评指正。

丁文龙

2016年2月

目　录

页岩气
构造地质

绪 论

1. 页岩气构造地质的研究意义

页岩气构造地质是伴随着近几年来美国非常规页岩气的成功大规模地开发和我国页岩气勘探开发快速起步的关键时期而孕育出来的一个与"新能源地质勘查与评价"密切相关的重要研究领域。

页岩气构造地质研究对加快"我国页岩气勘探开发的地质理论与方法体系"的建立、指导"我国页岩气资源调查评价与有利区优选"等均具有非常重要的理论价值及生产实践意义。同时还将对我国页岩气勘探开发方面的人才培养等发挥重要作用。

2. 页岩气构造地质的主要研究内容

页岩气构造地质主要针对页岩油气藏勘探与开发过程中遇到的构造分析理论与实践问题,以实际应用为主要目的,重点介绍页岩油气形成的区域构造背景、页岩油气区的构造演化与特征及其对页岩发育的控制、页岩力学性质、地应力、页岩储层裂缝和页岩气保存条件等内容。

1）页岩气形成的区域构造背景

富有机质页岩发育时期的大地构造位置、古盆地类型和构造古地貌(古地理)特征对页岩层发育的沉积环境、岩性、厚度和分布起控制作用。因此,需要利用野外页岩露头、钻井、地震、测井和页岩油气藏开发动态等资料,结合区域地质资料,采用二维或三维地震资料断裂构造解释与成图技术和构造分析基本理论,深入研究国内外页岩油气藏形成的区域构造环境、产页岩气盆地类型、形态与结构特征、不同构造环境对富有机质页岩沉积的控制作用、不同类型页岩油气藏基本特征、富集条件与分布规律等。

2）构造演化与特征及其对页岩发育的控制

页岩气的分布不仅与原始沉积盆地所在的板块构造位置有关,而且还与后期的构造运动有关。前者控制页岩的沉积和发育,后者控制页岩的保存和现今分布。页岩气构造地质研究主要分析在多期次构造运动和多种构造应力作用下,页岩发育地区的现今构造格架、构造特征、构造演化及其对页岩沉积充填和分布的影响。

3）页岩力学性质

不同类型页岩的物理和力学性质不仅影响富有机质页岩发育区内断层和褶皱的变形及储集层中裂缝发育程度与分布特征,而且还影响到页岩油气储层的改造方式。

因此，需要详细研究页岩的物理性质、破裂方式、破裂机理、岩石的强度和岩石破裂准则等。采用单轴压缩和拉伸试验、三轴压缩实验和测井计算方法等多种手段，可以确定不同类型页岩的力学性质，如弹性模量、泊松比、岩石破裂强度（抗张、抗压和抗剪强度）、内聚力和内摩擦角等参数，主要包括页岩力学性质与实验分析、测井岩石力学参数计算等内容。

4）地应力

地应力在页岩油气藏勘探开发中具有十分重要的作用，古、今地应力场不仅影响页岩气储层裂缝发育程度与方向，而且还影响页岩油气藏开采效益与产能变化。故在页岩气勘探开发过程中，需要进行地应力测量、分析影响地应力的主要因素以及构造应力场数值模拟与主要应力的分布预测等。

5）裂缝

裂缝对页岩等致密性储集层评价至关重要。页岩储集层天然裂缝系统发育程度直接影响致密性油气藏的品质和开采效益，油气产量的高低与储层内微裂缝发育程度有关。油气可采储量最终取决于储集层内裂缝产状、密度、组合特征和张开程度。拥有较高渗透能力或可改造条件的页岩储层裂缝发育带是页岩油气勘探开发的核心区（甜点）。低泊松比、高弹性模量储集层段是早期寻找高产井的主要目的层。因此，对裂缝类型及形成机理、裂缝识别与发育特征、裂缝特征参数估算（裂缝密度、裂缝孔隙度、渗透率、张开度等）、裂缝纵向和平面分布预测、影响页岩气储层裂缝发育主控因素及裂缝发育对页岩含气性的影响等方面的研究，是页岩气构造分析非常重要的内容。

6）页岩气保存条件

页岩油气藏虽然具有“自生自储自盖原地成藏”的特征，但页岩气勘探开发实践表明，保存条件仍然是页岩气藏形成和富集的重要地质因素。页岩气保存条件主要包括构造地质条件、盖层与隔层封闭性、水文地质条件、天然气组分分析、高异常地层压力与分布、页岩气保存条件综合评价等。

3. 页岩气构造地质的研究方法与技术

根据页岩气构造地质的主要研究内容及其聚集机理的特殊性，其主要研究方法与技术包括地质学分析方法、地震资料断裂构造精细解释与成图技术、钻井地质评价技术、测井地质解释技术、地震裂缝检测技术、地震反演与含气性预测技术、实验测试分析技术、构造应力场模拟与裂缝分布预测技术等。

1）地质学分析方法

地质学分析方法是页岩气构造分析的基本方法，主要是从实际地质条件出发，根据野外地质调查、地震、重磁电、钻井、测井、岩心、实验分析测试等资料，分析页岩发育区地质结构、区域构造格架、盆地类型、断裂和褶皱特征、裂缝类型及形成机理、裂缝特征等。

2）地震资料构造解释技术

二维和三维地震构造精细解释与成图目的是为了落实富有机质页岩层顶底面现今构造形态、埋藏深度、断裂系统、地震层序、主要页岩层系厚度及分布特征等。

3）钻井地质评价技术

钻井（包括录井）可以直接获得页岩油气储集层的埋藏深度、分层数据、岩性组合特征、岩心、含油气性（级别）、地层的重复或缺失情况等重要的油气藏开发地质基础参数。利用这些第一手的资料可以建立页岩气钻井综合地层剖面，这不仅可以详细研究页岩油气藏的储集层特征，而且还可以为二维和三维地震构造的解释与成图以及先期地震资料解释成果进行校正，使其与地下实际情况吻合得更好，从而能够为油气藏开发方案的制定和调整提供重要的构造地质依据。

4）测井地质解释技术

测井地质解释技术主要包括声波、密度、中子、双侧向、自然伽马、自然电位、自然伽马能谱、气测等常规测井和全井眼地层微电阻率扫描成像测井（FMI）地质解释。这些技术可以实现以下目的：(1) 进行页岩地层的层序地层划分、测井物性解释（孔隙度和渗透率）、含油气层识别及总含气量、游离气含量与吸附气含量的计算等。(2) 有效识别页岩储集层裂缝发育段、裂缝产状（倾角）。(3) 计算裂缝特征和岩石力学参数，如裂缝的孔隙度、渗透率和张开度以及杨氏弹性模量、泊松比等。(4) 声波时差测井资料不仅能够预测地层异常高的孔隙流体压力带，而且还能评价断层的垂向封闭性。(5) 成像测井可以准确直观地识别裂缝，而且还能确定裂缝的延伸方向、倾角和倾向。

5）地震裂缝检测与含气性评价技术

利用二维和三维地震资料进行页岩等致密性储集层裂缝的检测、分布预测及含气性评价,现今仍处于探索阶段。近年来,在钻井资料的约束下,已发展了许多以地震方法为主要手段的裂缝预测技术。主要有地震相干体技术、地震属性分析技术、地震反演技术、纵波裂缝检测技术、横波分裂技术及构造曲率分析方法等。

6)实验测试分析技术

与页岩油气藏构造分析相关的实验测试内容,主要包括岩石力学性质实验测试、地应力测试、微裂缝实验检测等。岩石力学实验主要是在实验室对不同类型岩石样品的力学性质进行实验测试,包括岩石的单轴压缩、拉伸实验和三轴压缩实验等,可以直接测出或通过公式换算方法,获取不同类型岩石的力学性质参数,如杨氏弹性模量、泊松比、内聚力、内摩擦角、岩石破裂强度(抗张、抗压和抗剪强度)等。目前,地应力测量的方法很多,其中,声发射法不仅能够计算现今最大主应力,而且能够计算各个构造期的古最大主应力;水力压裂法是计算现今最小水平主应力的有效方法;井壁崩落法可以确定现今水平主应力方向。另外,还有晶格位错密度法和利用成像资料分析构造应力场。微裂缝实验检测主要有高倍场发射扫描电镜、CT 扫描、氩离子抛光、核磁共振扫描图像、荧光铸体薄片、背散射、小角中子散射等技术。

7)构造应力场模拟与裂缝分布预测技术

构造应力场模拟与裂缝分布预测技术是利用不同类型的页岩力学性质和地应力实验等测试数据,采用三维有限元法进行古构造应力场模拟,结合岩石破裂准则,依据页岩的综合破裂率值(张破裂率和剪破裂率加权之和)半定量地表征裂缝发育程度,预测页岩发育区裂缝的分布,为页岩油气藏的“甜点”评价预测提供新的重要地质依据。

4. 页岩气构造地质的发展趋势

1)从单学科向多学科发展

页岩气作为重要的非常规油气资源之一,在其勘探开发过程中面临着许多复杂的地质基础理论和技术问题,特别是面对我国地质构造条件比较复杂的具体实际情况,页岩气发育的构造背景、构造演化及多期构造变形对页岩分布的控制、裂缝发育分布规律及其对含气性的影响、页岩气保存条件等方面的研究显得尤为重要。页岩气构造地质发展过程中涉及的学科也比较多,如构造地质学、地球物理学(地震、测井)、岩石力学、地下水动力学、油田地球化学、油气藏开发工程、数学地质和计算机学科等。

2）从宏观构造分析向微裂缝方面研究发展

北美地区在海相页岩中勘探天然气获得的巨大成功表明，低孔、低渗的泥页岩，当其发育有足够的天然裂缝或岩石内的微裂缝和纳米级孔隙及裂缝经压裂改造后可以产生大量裂缝系统时，泥页岩完全可成为有效的油气储层（或储集体），能够为页岩气生成之后在烃源岩内就近聚集（自生、自储、自盖）提供有效的储集空间，即表现为典型的“原地”成藏模式。富有机质页岩裂缝发育程度直接影响页岩气藏的品质和开采效益，天然裂缝系统发育程度直接影响页岩气开采效益。因此，页岩气构造分析需要从宏观构造分析向微裂缝方面研究发展。

3）由定性分析向半定量或定量方向发展

针对页岩气构造分析主要是对页岩储集层的特性进行研究的特点，裂缝研究需要逐步从定性分析向半定量或定量方向发展。具体表现在以下几个方面：(1) 依据野外页岩露头剖面和钻井岩心及显微镜下裂缝观察描述及统计，结合测井裂缝检测，计算裂缝密度，并估算裂缝的渗透率和孔隙度等。(2) 采用有限元法进行三维构造应力场数值模拟，在页岩力学性质实验和地应力测试基础上，依据不同类型构造裂缝产生的岩石破裂准则，对多种地质构造条件、多层状和复杂边界条件下的张性、剪性裂缝发育程度及分布进行定量预测。(3) 采用分形分维等方法对裂缝进行定量预测。(4) 采用地震数据体属性分析技术，定量检测裂缝发育程度与分布特征。

4）从构造裂缝研究向非构造裂缝方向发展

对于塑性相对较大的黑色富有机质页岩储集层来说，除受构造因素影响发育张性裂缝、剪性裂缝、低角度滑脱裂缝等构造裂缝以外，还发育有大量的非构造裂缝。主要包括成岩收缩缝、超压裂缝、有机质转化形成的裂缝、压溶缝合线、热收缩裂缝、溶蚀缝、风化缝等。其形成与页岩中黏土矿物的转化脱水收缩、异常高压、有机碳含量、沉积载荷、岩浆侵入热冷却收缩、差异溶蚀、风化剥蚀等非构造因素密切相关。因此，页岩裂缝研究不仅研究构造裂缝发育与分布，还要对非构造裂缝特征进行详细表征，只有将两者结合起来，才能很好地表征富有机质页岩储集层裂缝发育及分布规律，以便更好地为页岩气“甜点”预测和开发提供可靠的地质构造依据。

第1章

页岩气藏形成的区域构造背景及特征

1.1 美国页岩气形成的构造环境

本节内容主要包括：(1) 研究富有机质页岩发育时期的大地构造位置、古盆地类型和构造古地貌(古地理)特征及其对页岩层发育的沉积环境、岩性、厚度和分布的控制作用;(2) 分析在多期次构造运动和多种构造应力作用下,美国页岩发育地区的现今区域构造格架及其构造演化。

纵观北美产页岩气盆地分布的大地构造位置、盆地类型和性质,页岩气主要分布于阿巴拉契亚早古生代逆冲褶皱带、马拉松-沃希托晚古生代逆冲褶皱带和科迪勒拉中生代逆冲褶皱带前缘的前陆盆地及其相邻地台之上的克拉通盆地(图1-1)。

图1-1 美国页岩气盆地分布大地构造背景分析与盆地类型(据Curtis, 2002)

1.1.1 前陆盆地环境

前陆盆地按时代可分为早古生代、晚古生代和中生代,分别发育在三个逆冲褶皱带的前缘。

1. 早古生代前陆盆地

早古生代前陆盆地主要位于阿巴拉契亚褶皱带前缘，伴随造山带的隆起形成，以阿巴拉契亚盆地为代表。阿巴拉契亚褶皱带是加里东期北美板块和非洲板块碰撞形成的，北东-南西向展布，以东倾的大逆掩断裂带为边界，造山带西侧为前陆盆地（图 1-1）。阿巴拉契亚盆地是早古生代发育起来的前陆盆地，主要有三次大的构造事件：Taconic、Acadian 和 Alleghanian 构造运动。晚寒武世-早中奥陶世为北美板块被动大陆边缘的一部分，晚奥陶世北美板块向古 Iapetus 洋板块俯冲，导致 Taconic 构造运动，形成晚奥陶世前陆盆地；中晚泥盆世的陆-陆碰撞，导致 Acadian 构造运动并形成泥盆纪前陆盆地；中石炭世的 Alleghanian 构造运动形成盆地现今的形态。

地层沉积在向东倾斜的三期前陆盆地内，形成三套主要的沉积旋回，每一旋回底部为炭质页岩、中部为碎屑岩、顶部为碳酸盐岩。沉积了奥陶系的 Utica 页岩层、志留系的 Rochester Sodus/Williamson 页岩层以及泥盆系的 Marcellus/Millboro、Geneseo、Rhinestreet、Dunkirk、Ohio 页岩层，这些页岩均具有有机碳含量高、成熟度高、埋藏浅等特点，并且都发现了页岩气藏或页岩气显示。该盆地的 Big Sandy 页岩气田发现于 1915 年，储量为 $963\times10^8\ m^3$，在 1921—1985 年间，该气田钻了超过一万口页岩气井，生产了超过 $708\times10^8\ m^3$ 的天然气。

2. 晚古生代前陆盆地

晚古生代前陆盆地主要是马拉松-沃希托造山运动形成的，该造山运动是由泛古大陆变形引起北美板块和南美板块碰撞形成的，沿着与坳拉槽有关的薄弱处发生下坳沉降形成弧后前陆盆地，主要包括福特沃斯、黑勇士、阿科马、二叠等盆地，马拉松-沃希托逆冲带构成了这类盆地靠近逆冲带的边界。这些盆地均在泥盆系和密西西比系黑色页岩中发现了页岩气藏或页岩气显示，资源量很大，具有代表性的是福特沃斯盆地。

福特沃斯盆地是一个边缘陡、向北加深的盆地，主要地层有寒武系、奥陶系、密西西比系、宾夕法尼亚系、二叠系和白垩系。寒武纪-晚奥陶世为被动大陆边缘沉积，大部分为碳酸盐岩沉积；密西西比纪为前陆沉积，沉积了 Barnett 组页岩层和 Chappel 组、Marble Fall 组等灰岩层；宾夕法尼亚纪为代表与沃希托构造前缘推进有关的沉降过程和盆地充填。该盆地的 Newark East 气田储量居全美天然气田第三,产量居全美天然气田第二,是美国最大的页岩气田,占全美页岩气总产量的一半以上。

3. 中生代前陆盆地

中生代前陆盆地主要位于美国中西部,是科迪勒拉逆冲褶皱带(法拉隆板块和北美板块碰撞形成)的一部分。该地区在前寒武纪、寒武纪、奥陶纪为被动大陆边缘沉积,奥陶纪末到泥盆纪抬升剥蚀,密西西比纪为浅海沉积,宾夕法尼亚纪和二叠纪形成原始落基山,中侏罗世重新接受沉积,并在白垩纪海侵时期形成海道,南北海水相通,沉积了一套区域性的黑色页岩。白垩纪末发生的拉腊米块断运动,形成目前山脉和盆地相间的盆山格局,这一类的盆地主要有圣胡安、帕拉多、丹佛、尤因塔、大绿河等。其中在圣胡安、丹佛和尤因塔等盆地的白垩系黑色页岩层发现了页岩气藏。圣胡安盆地最具代表性,储量产量最大,该盆地横跨科罗拉多州和新墨西哥州,是一个典型的不对称盆地,南部较缓,北部较陡。按照地质时代和商业开发时间,该盆地的 Lewis 页岩气藏是美国最年轻的页岩气藏。

1.1.2 克拉通盆地环境

产页岩气的克拉通盆地主要包括密执安盆地、伊利诺斯盆地和威利斯顿盆地。其中,密执安盆地和伊利诺斯盆地是内陆克拉通盆地,盆地基底为前寒武系,演化开始于早中寒武世超大陆裂解时期,由衰亡的裂谷坳拉槽或地堑开始,随后演化为克拉通海湾。裂谷演化阶段后期,盆地开始热沉降阶段,在裂谷沉积地层之上沉积了砂岩和碳酸盐岩地层,中奥陶世到中密西西比世主要为岩石圈伸展的构造均衡沉降阶段,且伸展范围受早期裂谷范围的限制,沉积相对缓慢,富含有机质的黑色页岩就是这一时期沉积的。在古生代的大部分时间里,这类盆地和阿克玛、黑勇士等克拉通边缘盆地是相通的,石炭纪晚期到白垩纪晚期的构造运动造成了盆地现今的构造形态。在这类盆地的泥盆系中发现了大量的页岩气资源量,如密执安盆地的 Antrim 页岩气藏和伊利诺斯盆地的 New Albany 页岩气藏。

1.2 中国页岩气形成的构造环境

与北美环加拿大地盾形成一系列沉积盆地的格局不同,中国分布着扬子、华北和塔里木三个交互影响的板块,相互之间的共同作用决定了中国不同时期沉积盆地及其中页岩的沉积,后期的构造变动决定了页岩现今的宏观分布。

美国页岩气藏基本上分布在古生代、中生代被动陆缘演化为前陆盆地的区域和克拉通盆地。古生代,我国发育扬子、塔里木和华北三大克拉通地台,地台上为典型的克拉通沉积,克拉通边缘早期为被动大陆边缘沉积,晚期为前陆沉积,发育古生代、中生代前陆盆地和克拉通盆地(图 1-2)。克拉通盆地主要包括四川、华北和塔里木,但由

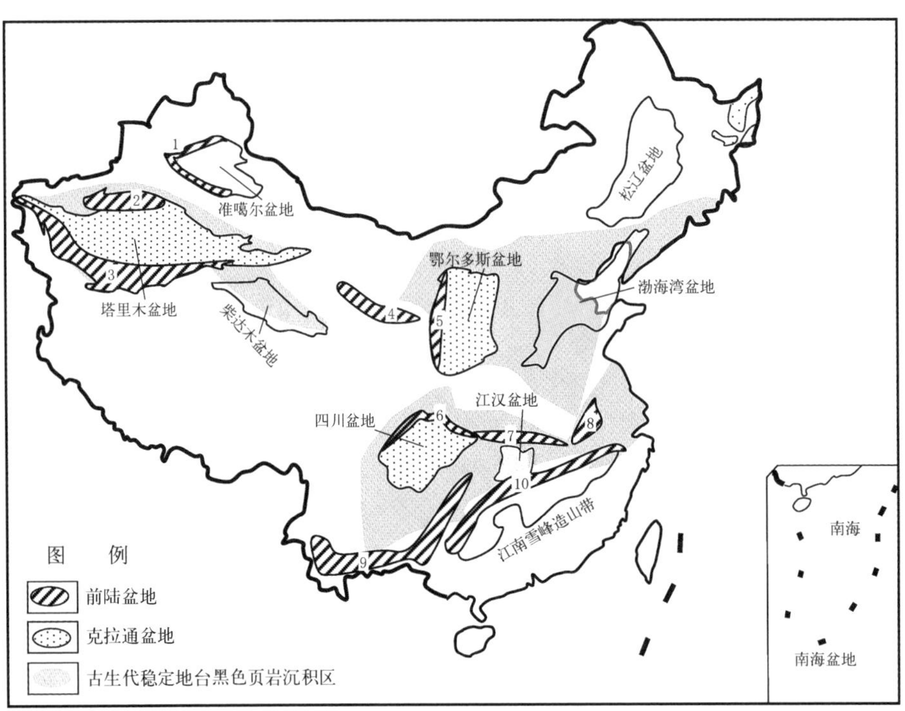

图1-2 中国主要克拉通盆地和前陆盆地发育分布

1—准噶尔盆地周缘前陆盆地(晚古生代);2—塔里木北缘前陆盆地(晚古生代+中生代);3—塔里木南缘前陆盆地(早古生代+中生代);4—北祁连山造山带前陆盆地(早古生代);5—鄂西前陆盆地(古生代+中生代);6、7、8—中生代南方北前陆盆地带:上、中、下扬子北缘前陆盆地;9—中生代南方南前陆盆地带:兰坪-思茅、十万大山、楚雄、南盘江、桂东南、川东-湘鄂西、湘赣等;10—江南雪峰山北缘前陆盆地(早古生代)

于经历了漫长地质历史时期的改造，目前仅存四川、鄂尔多斯和塔里木盆地中心地区。从产页岩气盆地分布的大地构造位置和盆地类型来看，在构造运动较强的前陆盆地和构造活动相对较弱的克拉通盆地都有页岩气发育，照此特征预测，在裂谷盆地中黑色页岩发育相对较好的区域，也应有页岩气藏发育，因此，中新生代裂谷盆地的页岩气前景不容忽视。

1.2.1 前陆盆地环境

1. 早古生代前陆盆地

早古生代前陆盆地主要发育在加里东晚期，塔里木、四川和鄂尔多斯古生代海相盆地具有相似的地质演化，泛大陆解体后，震旦纪-早中奥陶世为被动大陆边缘，中晚奥陶世至志留纪为前陆盆地，代表三大陆块与周边洋盆的盆山转换。扬子地台在加里东晚期，华南洋向江绍一带俯冲、消减形成江南造山带、雪峰山造山带并与黔中和牛首山古隆起相连，在造山带前缘形成前陆盆地。

早志留世，秦岭洋与华北地块和塔里木地块以及柴达木地块碰撞，形成一系列前陆盆地，如北祁连山前陆盆地。鄂尔多斯盆地西缘和南缘是在元古界秦祁贺三叉裂谷基础上发育的早元古代被动大陆边缘，中奥陶世至中石炭世秦祁海槽向东、向北方向俯冲碰撞，形成前陆盆地。塔里木盆地南缘志留纪至泥盆纪也存在周缘前陆盆地。

2. 晚古生代前陆盆地

晚古生代前陆盆地主要发育在滇黔贵地区、塔里木北缘及准噶尔盆地周缘，主要发生在泥盆纪和二叠纪。中奥陶世-志留纪武夷、闽台微陆块向华南古板块拼贴时，广西“钦防海槽”和“十万大山”盆地区处于“残留被动大陆边缘盆地”演化阶段，其后经历了早泥盆世残留洋盆地、晚古生代特提斯被动大陆边缘盆地，到晚二叠世早期转变为前陆盆地。塔里木北部周缘前陆盆地发育于泥盆纪末至早三叠世期间。准噶尔盆地周缘在二叠纪也演化为前陆盆地。

3. 中古生代前陆盆地

中生代前陆盆地主要分布在南方和中西部地区。中生代早期的印支运动是主要的构造变形期和被动大陆边缘向前陆盆地演化的转折阶段。华南板块裂解为扬子板块和东南板块,由台地沉积转变为前陆沉积,在扬子板块南北缘逐渐形成南北两条前陆盆地带。北带主要由上扬子(龙门山、西昌和楚雄前陆盆地)、中扬子北部(大巴山和桐柏山前陆盆地)、下扬子(宁镇前陆盆地)三个周缘前陆盆地群及合肥冲断前渊盆地构成,南带主要由兰坪-思茅、十万大山、楚雄、南盘江、桂东南等弧后前陆盆地及川东-湘鄂西、湘赣等陆内造山带形成的类前陆盆地群构成。

中西部前陆冲断带属于特提斯北缘盆地群,有统一的大地构造背景,统一的构造位置与古气候带,在鄂尔多斯盆地西缘也形成了中生代前陆盆地。塔里木地台周缘中、新生代前陆盆地十分发育,代表性的有塔西南、喀什、叶城、库车及且末等,主要分布在天山、昆仑及阿尔金造山带与塔里木克拉通盆地边缘相接地区。

1.2.2 克拉通盆地环境

与美国主要产页岩气盆地相比,我国的前陆盆地和克拉通盆地经历了加里东、海西两大构造旋回,又经历了中生代构造运动的改造,原有的前渊沉积连同下伏的地台沉积一起被后期构造运动强烈改造。在扬子地台,印支期前陆除龙门山前经长期演化保持良好外,仅楚雄、西昌和大巴山前仍存在构造盆地,其他中下扬子区已完全转成褶皱冲断构造带,残余的向斜非常有限。古生代的江南-雪峰北缘前陆区也被强烈改造。在这样的构造背景之下,常规油气难以保存,而页岩气具有抗破坏能力强的特点,在常规油气不能发育的地区,页岩气仍有很好的发育条件,因此页岩气可能是打开勘探突破的关键所在。

页岩层系的后期(新生代)改造主要受控于印度-欧亚大陆碰撞等多个阶段、多期次的板块构造运动,特别是印度大陆与欧亚大陆的碰撞和持续的陆-陆汇聚作用在亚洲大陆产生了广泛的陆内变形,这种变形不仅限于青藏高原、喜马拉雅及其向北延展的碰撞轴向地带,还波及偏离碰撞轴向带的外围地区,如华南和华北地区等。

1.2.3 裂陷盆地环境

中国东部含油气盆地大多为中新生代陆相断陷-坳陷盆地(图 1 - 3),如松辽盆地、

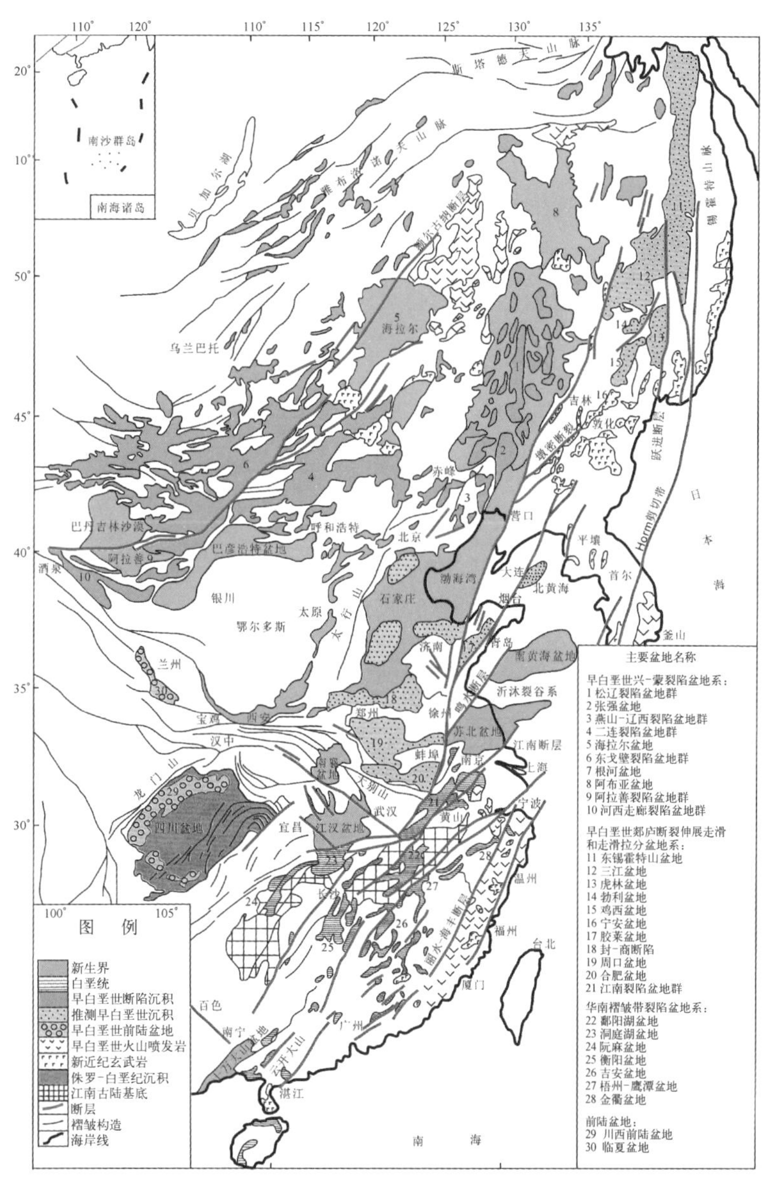

图 1-3 中国东部及邻区晚中生代-新生代裂陷盆地构造纲要

渤海湾盆地、苏北盆地、南襄盆地、江汉盆地等。松辽盆地属于板内断陷-坳陷盆地;渤海湾盆地、苏北-南黄海盆地、江汉盆地和北部湾盆地属于板内多旋迴断陷-坳陷盆地;南阳-泌阳等盆地属于板内小型断陷盆地;东海西部盆地、台湾西部盆地、珠江口盆地和莺歌海盆地属于陆壳边缘断陷-坳陷盆地。

1.3 不同构造环境对富有机质页岩沉积的控制

有利于页岩发育的大地构造背景必须与有利的古气候和古环境相结合才能具备形成大规模油气的物质基础。与美国有利于页岩气藏发育的前陆和克拉通盆地对应的是有利于黑色页岩沉积的古气候和古环境,已经发现页岩气藏的页岩主要为被动大陆边缘沉积、前陆挠曲形成的滞留环境沉积、克拉通内坳陷沉积和裂陷盆地沉积等。

1.3.1 被动大陆边缘黑色页岩沉积

被动大陆边缘黑色页岩沉积包括被动大陆边缘裂谷和缓坡陆棚环境,该环境一般被上升洋流控制,通常携带生物大量繁殖所需要的营养物质,表层海水中生物大繁殖量、死亡后在海底迅速大量堆积,耗尽海底中的氧形成强还原环境,有利于有机质保存。在这样的大地构造背景以及与之匹配的沉积环境上,沉积了大套富含有机质的黑色页岩,其中最有利于页岩气藏发育的部位是水进体系域的密集段(图 1 - 4),例如在大绿河盆地 Lewis 页岩 Asquith Marker 段和阿巴拉契亚盆地奥陶系 Utica 页岩中均发现了页岩气藏或页岩气显示。

我国南方扬子地台周缘的寒武系和奥陶系也均发育密集段沉积的黑色页岩,具备形成页岩气藏的物质基础。

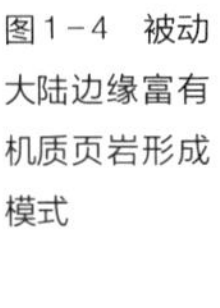

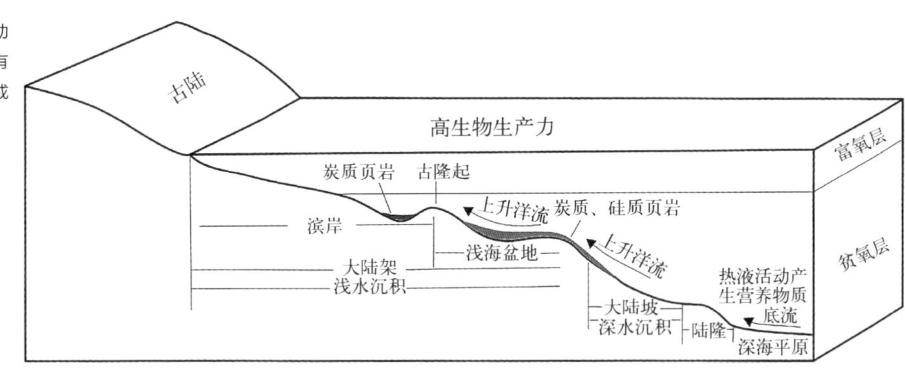

图1-4 被动大陆边缘富有机质页岩形成模式

1.3.2 前陆盆地黑色页岩沉积

前陆挠曲形成滞留盆地,阻止了水的侧向流动,表层含氧水与深层水的混合受阻有利于还原环境的形成。如阿巴拉契亚盆地泥盆系黑色页岩和以福特沃斯盆地为代表的南部晚古生代前陆盆地泥盆系-密西西比系黑色页岩均属于这类沉积。

在中晚奥陶世-早志留世,南方地区江南-雪峰山一带为前陆隆起带,隆起带以西、以北形成滞留盆地,上、中、下扬子原浅水碳酸盐台地被富含笔石的黑色页岩覆盖。下三叠统和上三叠统的黑色页岩也形成于这种环境。

1.3.3 克拉通盆地黑色页岩沉积

泥盆纪时期,随着相对海平面的上升,密执安盆地和伊利诺斯盆地被海水淹没,成为页岩沉积的浅海环境,这一时期形成的泥盆系富含有机质的黑色页岩在从加拿大中西部到美国东南部的北美地台上广泛分布。我国的四川、鄂尔多斯和塔里木等盆地的黑色页岩也属此类沉积环境的沉积。

海相黑色页岩一般形成于上述三种沉积环境，且多与碳酸盐岩伴生，分布广泛，并且较稳定。根据前人对中国含油气盆地的岩相古地理和烃源岩的研究结果，在中、晚元古代至新生代的不同时期，均在不同地区、不同程度发育海相暗色页岩。

以我国南方古生代为例，沉积了克拉通内坳陷、被动大陆边缘的寒武系黑色页岩和前陆挠曲阶段的奥陶系-志留系黑色页岩（表 1－1）。寒武系黑色页岩主要发育在梅树村期和筇竹寺期最大海侵时，表现出最大凝缩层沉积特征，发育了筇竹寺组和沧浪铺组及其相当层位的黑色页岩。奥陶纪为南方构造和沉积演化的变革期，被动大陆边缘转为前陆盆地，奥陶系-志留系五峰组与龙马溪组为黑色、深灰色炭质、硅质泥页岩。

表1－1 中国含油气盆地岩相古地理与烃源岩发育（据郝芳等，2012）

地质时代	盆地演化		层序界面性质	海平面升降（降 0 升）	构造转换面 一级旋回	塔里木	鄂尔多斯	华北	上扬子	中下扬子	准噶尔	羌塘
白垩纪	造山造盆				中晚燕山旋回							
侏罗纪	三角洲	前陆盆地	造山隆升		早燕山-晚印支							
三叠纪	缓坡			烃源岩								
二叠纪	退积式碳酸盐台地	大陆边缘演化	造山隆升		早印支-海西							
石炭纪												
泥盆纪			升降侵蚀									
志留纪	淹没台地	前陆盆地		烃源岩	加里东旋回							
奥陶纪												
寒武纪	海侵碳酸盐台地	大陆边缘演化	造山隆升									
			最大海泛	烃源岩								
震旦纪	断块台地		海侵上超									
	碎屑岩充填		升隆侵蚀	烃源岩								
青白口纪	滨海和浅海陆棚											
蓟县纪												
长城纪												

与美国主要产页岩气页岩相比，寒武系、奥陶系、志留系黑色页岩具有有机碳含量高、成熟度高、厚度大等特点，具备页岩气藏发育的良好条件。值得一提的是，在南方普遍演化程度较高的情况下，局部存在演化程度较低且适合页岩气发育的地区，如江南隆起边缘，北缘的成熟度(R_o)为0.61%~1.3%，南缘的成熟度为1.3%~2%，下寒武统在黄平、都匀地区也仅为1.87%~2%（表1-2），这些地区是页岩气藏发育最有利的地区。

表1-2 我国主要海相页岩与世界部分海相页岩特征对比

地区	盆　地	页岩名称	页岩层位	有机碳/%	成熟度/%	厚度/m
国外	阿巴拉契亚	Utica	奥陶系	>3		274~304
		Ohio	泥盆系	0.5~23	0.4~4	91~610
	密执安	Antrim	泥盆系	0.3~24	0.4~0.6	49
	伊利诺斯	New Albany	泥盆系	1~25	0.4~0.8	31~140
	福特沃斯	Barnett	下石炭统	1~13	1.0~2.1	61~152
	圣胡安	Lewis	下白垩统	0.45~3	1.6~1.88	152~579
国内	四川盆地	龙马溪	下志留统	0.5~4.92	1~2.5	500~1 250
		五峰组	上奥陶统	0.6~2	0.8~1.9	几米到数十米
	中扬子	龙马溪	下志留统	0.6~2	2~4.5	50~300
			下志留统	2.13	2~3	35~50
	下扬子	高家边组	下志留统	0.86~5.66	2~4	239.2
			下志留统	0.9~1.24	0.5~3.5	60
	滇黔桂		下志留统	0.74~5.98	1~4	50~400
			泥盆系	0.5~3	1~3	0~300
			下寒武统	0.74~4.27		209.8

（据 Curtis，2002；Hill et al.，2002；Montgomery et al.，2005；Bowker，2007；马力等，2004）

1.3.4　裂陷盆地黑色页岩沉积

渤海湾盆地济阳坳陷在始新世早期湖盆进入断坳阶段，构造运动相对稳定，湖盆持续下沉，气候温暖潮湿，古地形相对高差较小，有多条河流水系向湖泊注入，带来大量营养物质，湖生生物大量生长繁盛，发育了咸水-半咸水环境的沙四上亚段、沙一段及淡水环境的沙三下亚段及沙三中亚段烃源岩。济阳坳陷页岩层主要赋存于古近系沙河街组沙四上亚段、沙三下亚段和沙一段。

1.4 不同类型盆地页岩气藏特征

纵观美国产页岩气盆地分布的大地构造位置、盆地类型和性质，发现页岩气藏的各种特征也是有规律可循的。

分布于前陆盆地的页岩气藏埋藏较深、压力较高、成熟度较高、天然气为热成因、高气体饱和度、低吸附气含量（圣胡安盆地除外）、低孔渗、平缓的等温吸附线、开采成本较高；而位于克拉通盆地的页岩气藏则埋藏较浅、压力较低、成熟度较低、天然气是生物成因或混合成因的、低气体饱和度、高吸附气含量、高孔渗、陡峭的等温吸附线、开采成本较低，页岩气藏的成藏模式也有较大差异（表 1－3）。

表 1－3 前陆盆地和克拉通盆地页岩气藏特征对比

盆地类型	前陆盆地	克拉通盆地
深度	深层（ >1 000 m）	浅层（ <1 000 m）
压力	高	低
成熟度	高	低
天然气成因	热成因	生物成因或热成因
含气饱和度	高	低
吸附气含量	低	高
孔渗	低	高
吸附等温线	平缓	陡峭
开发成本	高	低

1.4.1　被动大陆边缘页岩气藏

我国被动大陆边缘页岩气藏主要分布在四川盆地及其周缘的下寒武统牛蹄塘组及其相当层位。经过多年勘探实践,牛蹄塘组至今未取得实质性突破,受控于页岩气成藏条件的特殊性,主要表现在:(1) 页岩热演化程度高,生气能力具有特殊性;(2) 有机质孔含量低,以矿物质孔为主,储集条件具有特殊性。

1. 成熟度较高

大部分地区的成熟度大于3%,处于过成熟晚期阶段,局部地区的成熟度均超过4%,达到变质期,失去生气能力。对四川盆地及其周缘下寒武统和上奥陶统-下志留统41块黑色页岩的成熟度和含气量的关系分析(图1-5)可以看出,成熟度(R_o)为1.1%~3.0%时,吸附气含量达到最大值区域,平均超过1 m^3/t,最大超过2 m^3/t;总含气量也达到最大值区域,平均超过2 m^3/t。在小于1.1%和大于3.0%时,吸附气含量和总含气量均有不同程度的降低。黄页1井R_o为2.1%~3.48%,平均为3.16%;黔中区为热演化程度高值区,达4.0%~5.5%,方深1井R_o已达5.5%;黔北区普遍为3.5%~4%。牛蹄塘组整体处于过成熟演化阶段,高热演化程度对页岩生气具有较大影响,勘探实践表明,页岩赋气能力最大的成熟度范围为2%~3%,成熟度超过3%以后,页岩的赋气能力迅速降低。因此,过高成熟度会导致页岩赋气能力下降,页岩含气性较低。但无论成熟度是高是低,在页岩层中,均有吸附气赋存,甚至形成页岩气藏。因此,还需和演化历史结合起来才能客观评价该页岩的勘探潜力,还要研究页岩的最

图1-5　成熟度和吸附气含量、总含气量关系

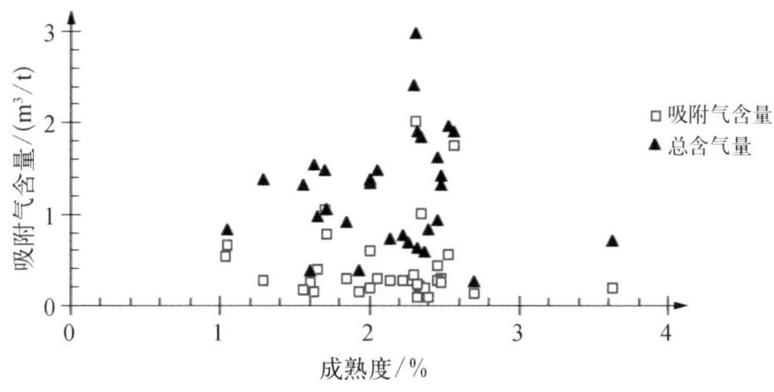

大生气时间和保存能力之间的关系(类似于常规油气藏的生命周期),如果保存能力较好,那么页岩气藏的寿命就比较长,目前这一点有可能成为我们勘探的目标;否则,页岩气藏可能已遭受破坏。因此,为了尽量避免勘探风险,笔者认为成熟低的页岩可能具有较好的勘探前景,在我国南方地区大范围高成熟度的条件下,就是要寻找成熟度相对较低的区域,并加强保存条件和含气量的研究。

2. 储层特征

勘探和研究结果表明,下寒武统牛蹄塘组页岩微观孔隙发育较差,下部以残留粒间孔为主,有机质孔为辅,上部以有机质孔和残留粒间孔共同发育为特征,局部地区发育溶蚀孔隙(图 1-6)。下寒武统主要为川南深水和湘黔深水(热水)沉积,重庆秀山溶溪、贵州瓮安永和 1 号和 2 号样品位于牛蹄塘组底部的梅树村阶,为热水/正常水较深水陆棚沉积,有机质主要来源于褐藻、红藻、高肌虫、大型蠕虫、虫管生物(麻江热水生物群)等藻、菌类生物(梁狄刚等,2009;聂海宽等,2011),这些藻、菌类生物在演化过程中多转化成有机硅,主要形成各种残留粒间孔、粒内孔,有机质孔发育较差;黄页 1 井、重庆酉阳井冈和贵州金沙岩孔页岩样品位于牛蹄塘组上部的筇竹寺阶,为正常水较深水陆棚沉积,有机质主要来源于红藻,红藻比褐藻易于生成有机质孔,导致后者有

(a)

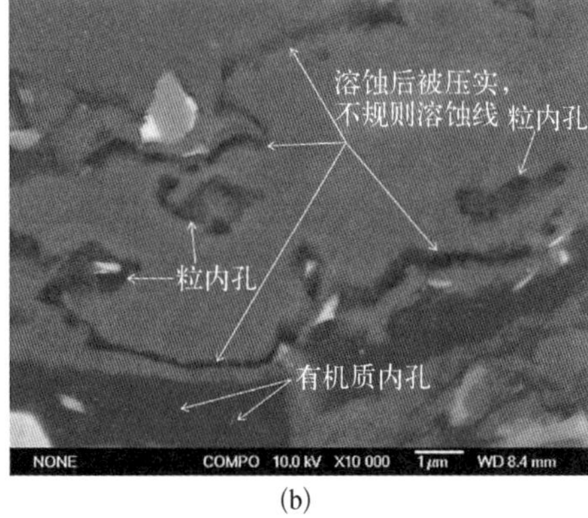

(b)

图 1-6 川东南地区及其周缘下寒武统牛蹄塘组页岩有机质孔

(a) 页岩微观孔隙全貌:压实强烈,孔隙发育差,主要发育有机质孔、矿物质粒间孔,粒间孔主要发育在黄铁矿晶体间,重庆酉阳井冈牛蹄塘组页岩;(b) 页岩压实强烈,孔隙发育差,主要为溶蚀和压实作用后的矿物质残留粒间孔和残留粒内孔,有机质孔发育差,重庆酉阳井冈牛蹄塘组页岩

机质孔较前者较发育。根据海相Ⅱ型与Ⅰ型干酪根的界限值$\delta^{13}C=-29‰$判断，认为牛蹄塘组页岩有机质以Ⅰ型干酪根为主，龙马溪组页岩以Ⅰ型和Ⅱ型干酪根为主。由于Ⅱ型干酪根较Ⅰ型干酪根具有复杂的结构，因此演化生成的有机质孔较Ⅰ型干酪根的多，Ⅰ型有机质生成的有机质孔较少且小，有机质孔多形成在有机质比较富集的颗粒，若有机质颗粒较小，则形成的气孔较少且单个孔隙体积较小。

3. 下寒武统牛蹄塘组页岩微观孔隙构成

贵州瓮安永和1号样品页岩微观孔隙以残留粒间孔隙为主，约占总孔隙的30%，有机质孔约占总孔隙的20%，孔隙直径小于100 nm的孔隙约占总孔隙的94%，其中分布在2~10 nm的小孔约占总孔隙的54.1%，是该样品微观孔隙的主要分布区间，其次是分布在10~50 nm的中孔，占总孔隙的26.4%（图1-7）。贵州瓮安永和2号样品页岩微观孔隙以粒间孔隙和溶蚀孔隙为主，约占总孔隙的50%，有机质孔约占总孔隙的5%，孔隙直径小于100 nm的孔隙约占总孔隙的56.7%，分布在100~1 000 nm的超大孔约占总孔隙的42.5%（图1-8）。贵州金沙岩孔牛蹄塘组页岩微观孔隙以有机质孔和残留粒间孔隙为主，分别约占总孔隙的40%和20%，孔隙直径小于100 nm的孔隙约占总孔隙的41.4%，而分布在100~1 000 nm的孔隙约占总孔隙的57.6%（其中孔径分布在100~200 nm和200~300 nm的分别占总孔隙的20.1%和13.5%），它是

图1-7 川东南地区及其周缘下寒武统牛蹄塘组页岩矿物质孔

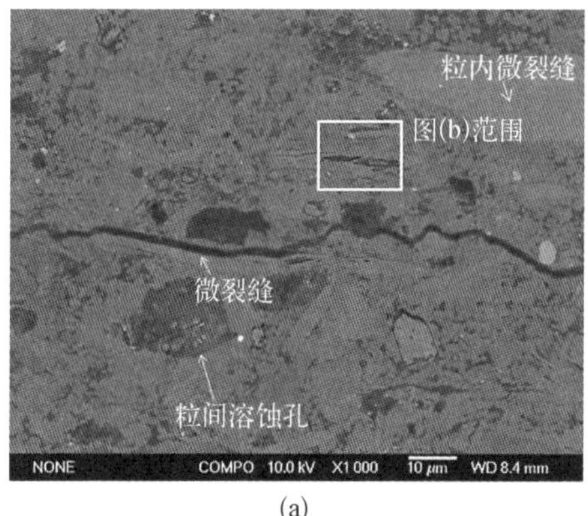

(a)

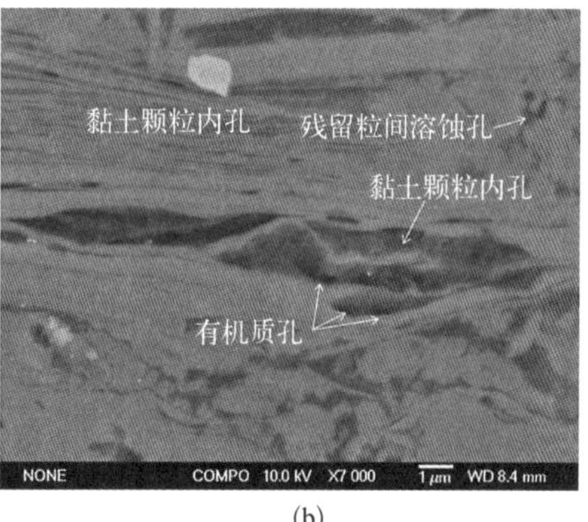

(b)

(a) 页岩微观孔隙全貌：压实强烈，发育粒间溶蚀孔（部分充填）、微裂缝等，贵州瓮安永和1号样品；(b) 发育有机质孔、残留粒间溶蚀孔和黏土颗粒内孔（丝缕状伊利石）等[图(a)中"图(b)范围"放大]

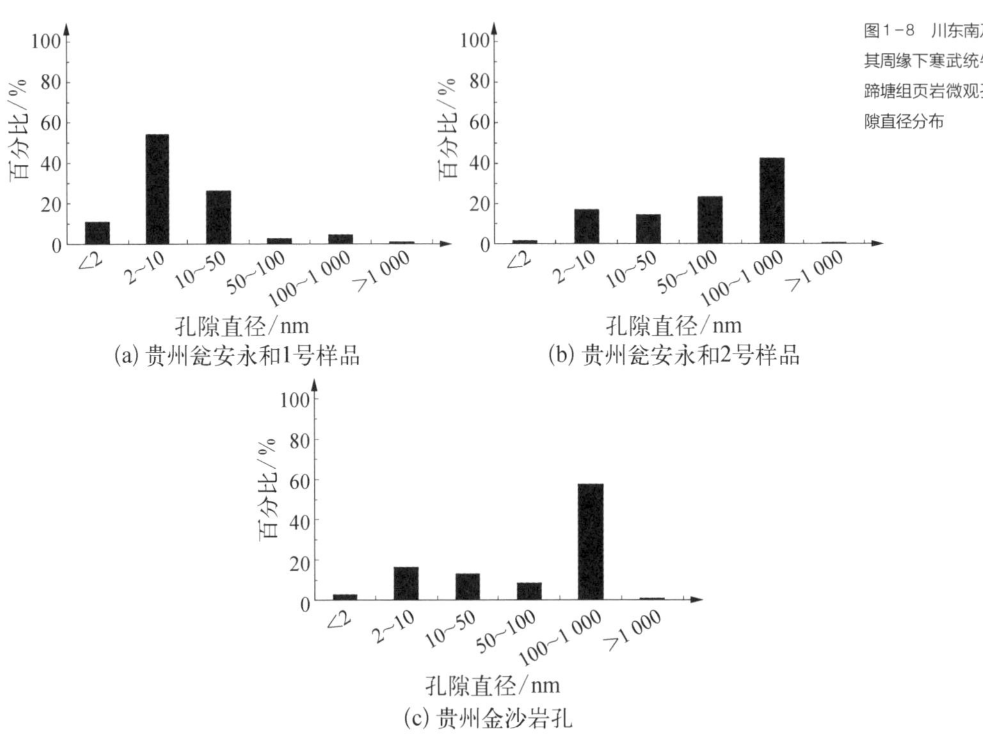

图1-8 川东南及其周缘下寒武统牛蹄塘组页岩微观孔隙直径分布

该样品微观孔隙的主要分布区间。

总之,被动大陆边缘沉积的寒武系牛蹄塘组及其相当层位的页岩多期次的构造运动下页岩气热演化程度高的特殊性,导致页岩赋气能力较低;储集条件以无机孔为主的特殊性,导致吸附气含量较低,抗破坏能力较低,在复杂的构造运动下,导致页岩的含气性较差。因此,在有利区优选方面应主要考虑热演化程度,优先选择热演化程度较低的地区。

1.4.2 前陆盆地页岩气藏

该类盆地一般存在被动大陆边缘和前陆两个演化阶段,均有利于形成页岩气藏所必需的页岩发育,尤其是在层序格架的密集段。前陆盆地构造运动比较强,常规油气难以保存,而页岩气藏具有抗破坏能力强的特点,因此,在前陆盆地即使没有常规油气发现的区域也可能存在大量页岩气资源。具体原因如下。

(1) 被动陆缘上的前陆盆地一般发育两套或多套页岩层,即被动陆缘和前陆盆地两个阶段的页岩沉积,多层次的页岩发育使其具备形成页岩气藏良好的物质基础。

(2) 页岩气藏一般埋藏较深。由于埋藏比较深,前陆盆地页岩气藏的压力一般较高,具有轻微超压的特点,如福特沃斯盆地 Barnett 页岩气藏的压力为 12.21 kPa/m。由于埋藏较深,气体饱和度较大,吸附气所占比例较小,一般小于 50%。

(3) 页岩成熟度较高,天然气为热成因。前陆盆地页岩气藏中足够高的页岩成熟度是页岩气藏发育的关键,页岩的高成熟度($R_o > 2\%$)不是制约页岩气成藏的主要因素,相反,成熟度越高越有利于页岩气藏的发育和生产。

(4) 裂缝有助于页岩层中吸附于矿物和(或)有机质表面的天然气吸附和解析。裂缝对页岩气藏具有双重作用,一方面裂缝为天然气和水通过黑色页岩层向井筒运移提供通道;另一方面,如果裂缝规模过大,可能导致天然气散失或气层与水层相通。由于前陆盆地构造运动比较强,裂缝比较发育,裂缝不是制约页岩气藏发育的关键因素。例如,Bowker 指出,福特沃斯盆地 Barnett 页岩气藏裂缝非常发育的区域,天然气的生产速度最低,而高产井基本上都分布在裂缝不发育的区域。因此,前陆盆地页岩气藏的勘探不是寻找裂缝,而是寻找高气体含量、易扩散及能进行压裂的页岩气区,该类页岩气藏并不是"裂缝性气藏",而是可以被压裂的页岩气藏。

前陆盆地页岩气成藏模式以福特沃斯盆地 Barnett 页岩气藏最为典型(图 1-9),位于 Barnett 页岩上覆的 Marble Falls 组、Chappel 组(主要分布在 Newark East 气田西部)、夹层的 Forestburg 组以及其下伏的 Viola/Simpson 组和 Ellenburger 组等灰岩隔层的存在,形成几套致密的隔板层,把大量原始和诱发裂缝限制在 Barnett 页岩内部,不利于烃类的排出,但有利于页岩气井的生产。

Barnett 页岩及其上下地层的岩性和物性特征是该气藏被成功勘探开发的关键,这些致密灰岩层在一定程度上起到了"盖层"或"隔层"的作用,阻断 Barnett 页岩的排烃,致使在 Barnett 页岩中保存了大量的烃类。

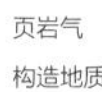

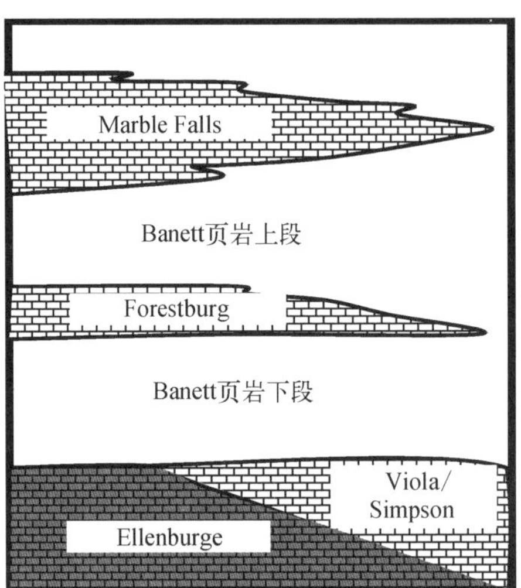

图1-9　福特沃斯盆地 Barnett 页岩气藏成藏模式

1.4.3　克拉通盆地页岩气藏

克拉通盆地的构造变动较弱,裂缝欠发育,因此,裂缝的发育程度是决定页岩气藏品质的重要因素,裂缝发育好的气藏,品质也较好,反之,则较差。如在密执安盆地和伊利诺斯盆地的页岩气藏勘探中就是寻找裂缝相对较发育的区域(其他地质条件相似的情况下),并且大部分井还需压裂才能获得较经济的产能。克拉通盆地的构造形态为四周高、中间低,这种形态决定了淡水由盆地边缘向中心的注入,也成为克拉通盆地一种典型的页岩气藏成藏模式。

密执安盆地 Antrim 页岩气藏位于克拉通盆地的页岩气藏主要分布在盆地边缘较浅的部位(图1-10),随着勘探深入和技术进步,近年来在伊利诺斯盆地较深部位也发现了页岩气藏。但就页岩发育的情况来看,盆地中心地区更有利于页岩气藏的发育。

与前陆盆地的页岩气藏相比,位于克拉通盆地的页岩气藏埋藏普遍较浅,目前在该类盆地发现的页岩气藏通常小于1 000 m,伊利诺斯盆地 New Albany 页岩气藏和密

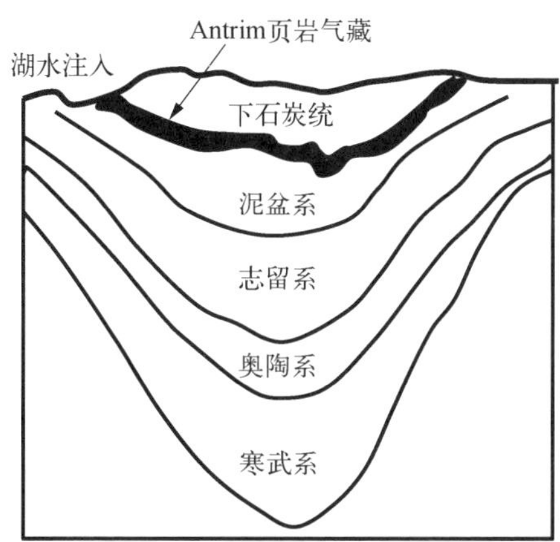

图1－10　密执安盆地 Antrim 页岩气藏成藏模式

执安盆地 Antrim 页岩气藏大约有9 000 口井,深度范围为200 ~ 610 m。由于埋藏比较浅,气体饱和度较低,相应的吸附气含量较高,一般大于 50% ,如密执安盆地 Antrim 页岩气藏的吸附气含量高达 70% 。

页岩气藏以低成熟度页岩和高低成熟度混合页岩为特征,如密执安盆地 Antrim 页岩气藏为低成熟度的页岩气藏,而伊利诺斯盆地 New Albany 页岩气藏为高低成熟度混合的页岩气藏。低成熟度的页岩气藏主要为生物成因,是埋藏后抬升经历淡水淋滤而形成的二次生气。密执安盆地 Antrim 页岩的成熟度仅为0.4%~ 0.6% ,显示了较低的热成熟度,处在生物气生成阶段,为低成熟度的页岩气藏。而 Comer 等通过对伊利诺斯盆地 New Albany 页岩气藏甲烷气体的 $\delta^{13}C$ 分析表明来自盆地南部深层的天然气都为热成因,而来自盆地北部相对浅层的天然气为热成因和生物成因的混合,是高低成熟度混合的页岩气藏。

Martini 等认为在更新世时期,大气降水充注到富含有机质且裂缝发育的 Antrim 页岩,极大地促进了生物甲烷气的生成,在密执安盆地北部和西部边缘形成了大量的该类气藏。伊利诺斯盆地亦为此类的页岩气藏。

美国页岩气藏基本上分布在古生代、中生代被动陆缘演化为前陆盆地的区域和克拉通盆地。我国在漫长的地质历史时期也发育多种相似类型的盆地。这些盆地所处的大地构造位置、类型、性质及页岩时代、沉积环境、地化指标等与美国极为相似,虽然中、美各时代的盆地具体性质不同，地台区周边造山带逆转的时代不同，形成的盆地类型稍有差异，但勘探实践表明，盆地中油气的分布规律是有规律可循的，其油气地质特征也是有规律可循的。因此，在类比的基础上详细研究我国盆地与美国主要产页岩气盆地的相似性，认为我国广泛存在页岩气藏发育的空间。

1.4.4 裂陷盆地页岩油气藏

目前，受勘探深度的影响，我国裂陷（断陷）盆地以页岩油藏为主，勘探研究工作主要在渤海湾和南襄盆地开展。我国陆相页岩油成藏机理和陆相页岩油特征分析认为，我国陆相页岩油富集特征主要表现在页岩油流体性质、页岩储层特征和页岩生排烃历史等。

1. 页岩油流体性质

页岩气的主要成分为甲烷，其次为少量的乙烷、丙烷和二氧化碳，其他高碳烃类较少甚至没有（Rodriguez 等，2010），页岩油主要为正烷烃、环己烷以及残留沥青、蜡等，具有分子直径大的特点（表 1－4）。我国东部凹陷的页岩油钻井在 3 000 m 左右时，储层平均孔径为 12 ~ 34 nm（王新洲，李明诚），最小值与石油成分中分子的直径相当，如果页岩内不存在裂缝或夹层的大孔隙喉道，石油在储层中不能形成渗流，流动性较差，则石油在页岩中的运移只能依靠分子扩散。因此考虑到石油成分的流动性，孔喉直径应大于 20 nm（武晓玲等，2010）。在我国东部断陷盆地页岩油钻探中，断层附近的井通常具有较好的产能，远离断层的井则产能不佳，这类页岩油藏属于“裂缝性页岩油

表 1－4 页岩油气流体性质比较（李明诚，2004；Nelson，2009）

页岩油	分子直径/nm	页岩气	分子直径/nm
正烷烃	0.48	甲烷	0.38
环己烷	0.54	乙烷	0.44
杂环结构	1 ~ 3	丙烷	0.51
沥青	5 ~ 10	异丁烷	0.53
		正戊烷	0.58
		正己烷	0.59

藏”,不是本文所认为的以吸附态存在的石油或凝析气,其产量不能维持较长时期。

陆相页岩油主要是烃源岩在低熟-成熟早期演化阶段生成的原地滞留石油,具有高密度、高黏度的物性特征和低饱芳比、高非沥比的组成特征。美国海相页岩油藏在地下可能是一种凝析气藏,在地下石油实际上为气,这些气具有较好的流动性,采出地面以后,由于温度和压力降低,成为页岩油,具有较低的密度和黏度。我国陆相页岩油成熟度较低,页岩埋藏较浅的情况下,压实作用未能将储集空间中的水排出,生成的油气较少,由于油水分异较差,页岩油井具有油水同产的特点,因此页岩油井产能差。随着页岩成熟度增加,埋深加大,压实作用将页岩孔隙水进一步排出,同时生成的烃量逐渐增多,岩石向亲油性转变。三塘湖盆地马朗凹陷二叠系芦草沟组页岩油试油表明,随着页岩成熟度增加,页岩产水量逐渐减少,产油量增加(梁世君等,2012)。在勘探上,需要寻找页岩微观储层特征和石油流体性质构成良好匹配的页岩油藏,由于在钻井前,很难对页岩微观储层和石油流体性质进行准确预测,可以根据邻区或者页岩埋深来定性判断页岩的成熟度,一般认为页岩成熟度大于 0.8% 时,形成较多的轻质油,当具有较高的湿气含量、一定的气油比,且油气同产时,这类页岩油藏一般具有较高的产量。

2. 页岩储层特征

由于油气流体性质的差异,页岩油对储层的要求比页岩气严格,除了常规分析矿物组成、孔隙度和渗透率之外,还要对页岩的矿物来源和微观孔隙结构等进行深入研究。

1) 矿物组成

页岩的石英、碳酸盐和黏土等矿物组成不仅控制着页岩的储层特征,对页岩油藏的后期改造也有重要的控制作用。在矿物含量相差不大的情况下,若页岩油的品质和后期改造差别较大,则说明矿物的来源和特征存在差异。

(1) 石英来源　美国主要产油页岩的硅质主要来源于各种生物成岩转化而成的有机硅(Montgomery 等,2001;Loucks 等,2012),能形成石英颗粒支撑从而保存大量残留粒间孔隙,压裂后形成网状缝。我国东部陆相页岩主要为碎屑石英,石英颗粒孤立状分布在黏土、方解石等矿物中,不能构成石英颗粒支撑结构,压裂亦难形成网状缝。

(2) 碳酸盐来源　美国主要产油页岩碳酸盐岩来源为生物成因,我国渝东地区侏罗系自流井组大安寨组亦主要为生物成因(图 1 - 11),东部陆相盆地页岩碳酸盐岩来

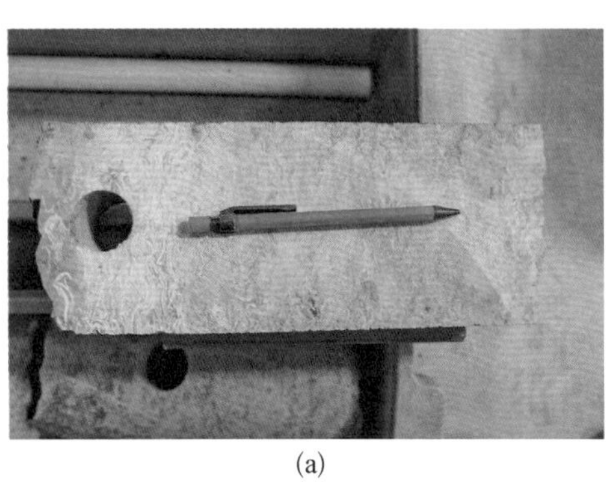

(a)

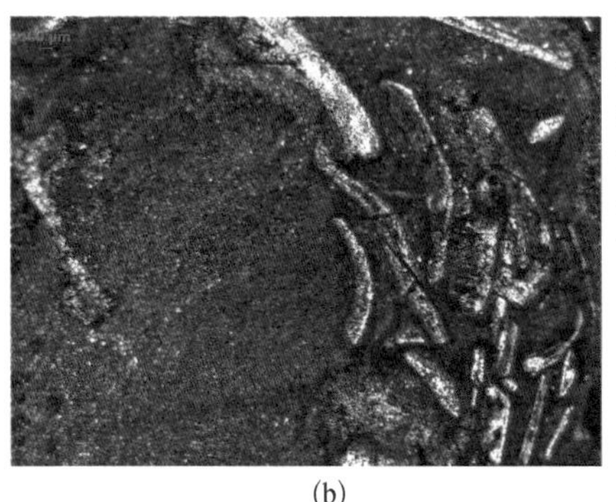

(b)

图 1 - 11 渝东下侏罗统自流井组大安寨段页岩碳酸盐来源

(a) 兴隆 101 井(四川盆地川东弧形高陡褶皱带)大安寨段含介壳页岩;(b) 湖北省利川谋道自流井组大安寨段黑色页岩(普通薄片,单偏光)

源主要为化学沉积(刘惠民等,2012),这可能是渤页平 1 井等压裂后井产能比美国海相页岩油井差的原因。

(3) 黏土矿物组成　与北美主要产页岩油盆地相比,我国陆相页岩黏土含量高,且主要为伊利石,高岭石、绿泥石、伊/蒙混层含量低,由于伊利石有较强的水敏性,绿泥石易与钻井液中的盐酸(HCl)等酸液作用产生沉淀,造成储层伤害,是酸敏性矿物。我国渝东地区下侏罗统自流井组页岩石英、长石和方解石等脆性矿物含量在 45% ~ 72% ,平均为 58.3% ;黏土矿物含量在 25% ~ 55% ,平均为 39.1% ,黏土矿物主要为伊利石,其含量在 55% ~ 93% ,平均为 75.8% ,其次为伊/蒙混层、高岭石和绿泥石,伊/蒙混层含量在 3% ~ 30% ,平均为 13.3% ,高岭石和绿泥石的含量分别为 2% ~ 20% (平均为 7%) 和 1% ~ 23% (平均为 6.9%) (图 1 - 12)。东部陆相盆地具有较高的伊/蒙混层和绿泥石含量,如东营凹陷/泌阳凹陷沙三下亚段黏土矿物中伊/蒙混层为 13% ~ 76% ,平均为 60.86% 。但陆相页岩砂泥互层的岩石组合导致页岩层段厚度较大,有利于页岩油成藏,尤其是页岩夹层的粉砂岩和砂岩等薄层,具有近源聚集油气的优势,对此类页岩油的储能和产能具有重要贡献。

2) 微观孔隙构成

石油流体性质的差异决定了页岩油需要较大的页岩微观孔隙和孔喉,才能保障石油的流动性。根据王新洲等(1996)的研究,济阳坳陷古近系和新近系泥页岩孔隙随深

图1-12 鄂西渝东地区下侏罗统自流井组页岩矿物组分(a)和黏土矿物组分(b)

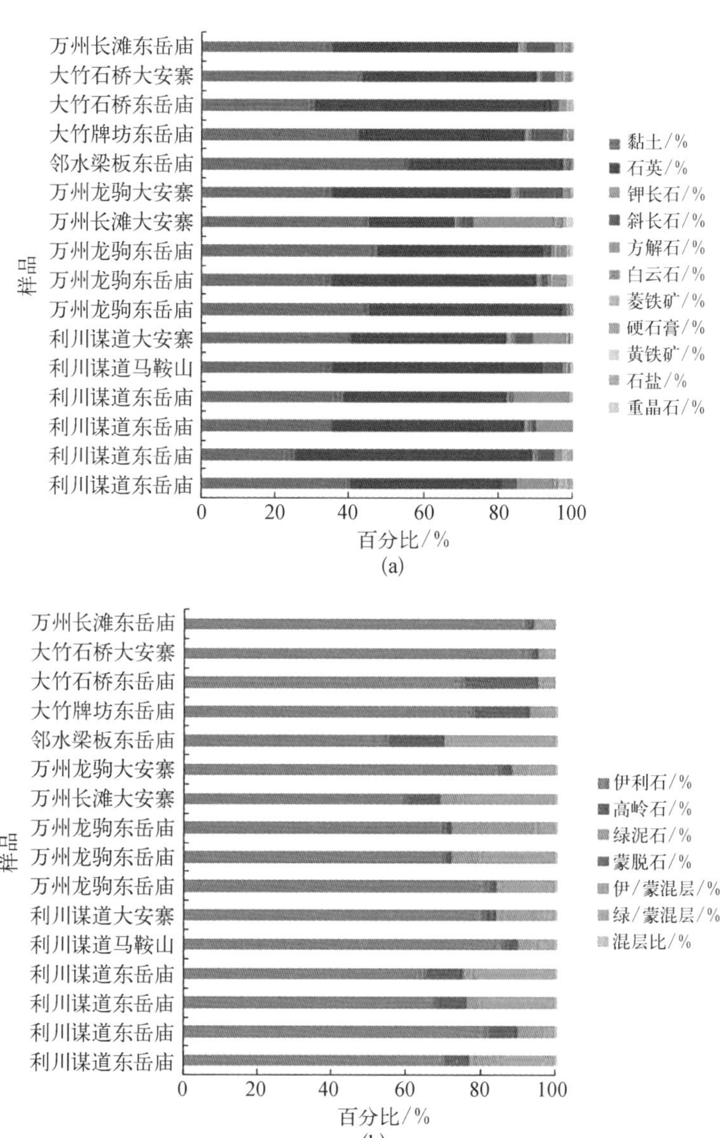

度的增大,平均孔径(宽)和平均喉径都是降低的,在2 200 ~ 3 000 m,平均孔径(宽)和平均喉径分别为660 nm和34 nm;在3 000 ~ 5 000 m,平均孔径(宽)和平均喉径分别为440 nm和12 nm,平均喉径的锐减,使石油的流动性明显降低。以成熟度较高的鄂

西渝东地区侏罗系自流井组东岳庙段页岩为例，最大埋深超过 5 000 m 时，孔隙直径小于 5 nm 的孔喉占孔喉总数的 29.7%，孔隙直径分布在 5 ~ 10 nm 的占 31.6%，孔隙直径分布在 10 ~ 50 nm 的占 27.3%，大于 50 nm 的孔喉仅占 11.4%，这说明页岩以小于 10 nm 的孔喉为主，约占孔喉总量的 61.3%（图 1 - 13、图 1 - 14）。

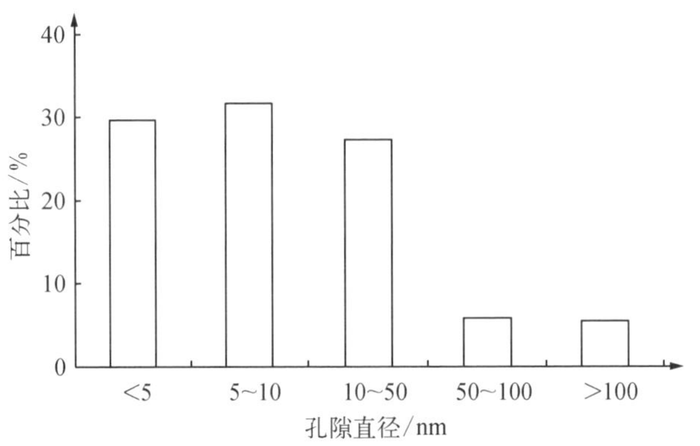

图 1 - 13　鄂西渝东地区侏罗系自流井组东岳庙段页岩微孔隙直径分布

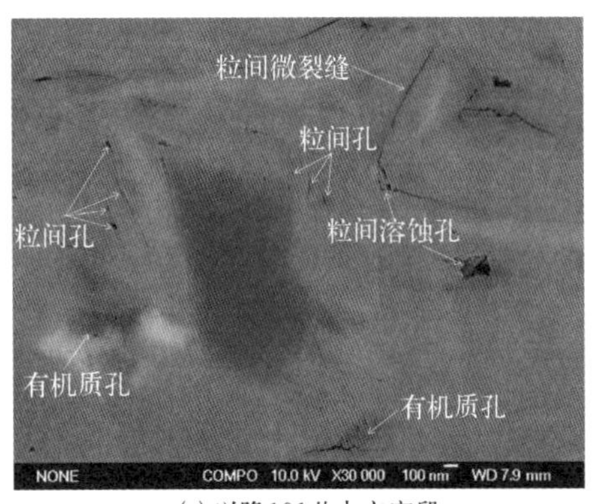

(a) 兴隆101井大安寨段

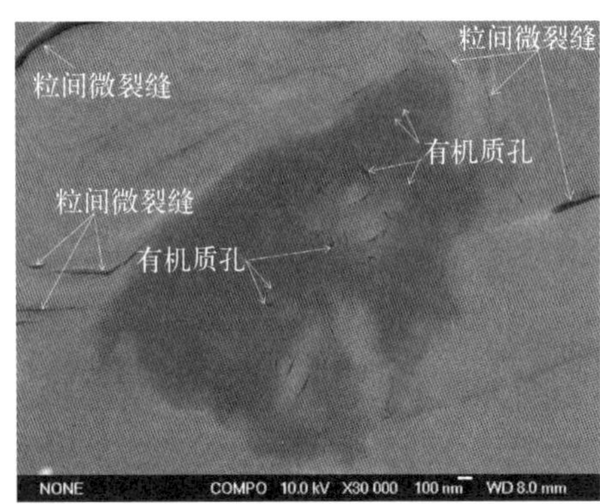

(b) 湖北利川谋道东岳庙段

图 1 - 14　鄂西渝东地区侏罗系自流井组页岩微观孔隙

结合石油组成及其分子直径的分析，认为页岩微观孔隙直径大于 20 nm 的孔喉对页岩油具有较好的流动性。与美国海相页岩油和我国海相页岩气储层相比，我国陆相页岩油储层的孔径偏小，这就需要比美国海相页岩油更轻质的石油，才能保证石油在孔径较小的陆相页岩储层中的流动性。

3. 页岩生排烃历史

页岩油由于流体性质决定了其扩散能力较差,需要有较高的地层剩余压力,以保证石油具有较好的流动性。按照排烃门限和幕式排烃理论,页岩生成的烃类首先满足自身干酪根和黏土等吸附剂的吸附,剩余的油才会在孔隙中赋存,油赋存到一定程度,压力增大,形成排烃裂缝,烃类排出。这一过程受页岩排烃效率的限制,因此,页岩油的勘探要寻找那些没有经历大规模排烃的页岩作为勘探的目标。蔡希源等(2012)对东营凹陷烃源岩排烃演化模式研究认为,埋深超过3 500 m时,页岩的排烃效率大大增加,残留烃量呈现减小趋势,$Es^{3(中)}$烃源岩最大埋深一般不超过3 500 m,其烃产率较低,最大排烃效率不超过10%;$Es^{3(下)}$烃源岩的最大埋深在3 800 m以上,已进入主排烃期,最大排烃效率可以达到约30%;$Es^{4(上)}$埋深超过4 000 m,排烃效率达到60%~80%,残留烃减少。这在埋深上给出了东营凹陷页岩的最大排烃范围,由于页岩油的勘探要寻找没有经历大规模排烃的页岩,因此认为东营凹陷页岩油最佳深度为2 000~3 500 m。

在排烃时间上,可以根据常规油的成藏期来定性判断页岩油的大量排烃期。以济阳坳陷东营凹陷为例,沙三、四段可以划分出两个关键成藏期,早期储层油气充注时间为30~25 Ma①,发生于沙河街组沉积结束期至东营组沉积末期,晚期油气充注时间为8~0 Ma,发生于馆陶组沉积末期至今(王冰结,2012),即沙三段、沙四段泥页岩的最近一次排烃时间为8 Ma至今。根据上述研究,认为现今埋藏深度在3 500 m以浅的页岩具有较好的页岩油勘探潜力,钻探深度超过3 500 m的沙四段页岩油井效果差可能由此原因导致。在东营凹陷民丰地区沙四下亚段地层压力的演化过程具有"二旋回波动模式",即存在"常压-弱超压-常压-超高压-常压"的演化过程,两次超压的形成时间与天然气藏的形成时间相对应,现今以常压为主(刘华等,2012)。因此认为在两次排烃期间,也可以称为排烃期间的页岩油可能具有较好的经济勘探开发价值。

陆相页岩油富集主控因素包括流体性质、储层特征和生排烃历史等,并形成良好的匹配。如鄂尔多斯延长组长7段油层组虽具有低压的特点,但其石油具有相对低密度、低黏度、低含硫、低凝固点等特点,同样具有较高的产能;三塘湖盆地马朗凹陷芦草

① 1 Ma=1百万年=10^6年。

沟组虽然具有较高的地层剩余压力,但页岩成熟度低、石油具有高密度、高黏度的物性特点,页岩油井产能较差,下一步勘探需要寻找石油物性较好的地区。因此,需要在页岩储层岩性组合、页岩微观孔隙构成和石油流体性质(密度和黏度等)之间进行良好的匹配,储层岩性好(粉砂质页岩、泥质粉砂岩等夹层较多)、储层孔隙孔径和孔喉较大,石油组成可以适当变重;反之,则需要更轻质的石油。

我国陆相页岩油的特征主要包括页岩油流体性质、页岩储层特征和页岩生排烃历史等,并形成良好的匹配。在勘探上,建议陆相页岩油勘探应寻找页岩有机质成熟度相对较高的深凹区和页岩夹层发育的斜坡区,深凹区具有“油稀、高压和可改造”等特点,斜坡区具有“夹层发育、可改造”等特点。

第2章

构造演化与特征及其对页岩发育的控制

2.1 构造演化与页岩沉积充填

古构造和古地貌是控制不同时期富有机质页岩原始沉积与分布的重要因素。后期多期次构造运动对页岩层的构造变形及现今分布状态具有重要的影响。因此,研究富有机质页岩气发育区或含油气盆地的构造演化与构造特征,分析构造演化对页岩层发育的沉积环境、岩性、厚度和分布的控制作用,对查明不同构造时期富有机质页岩的发育与空间分布具有重要意义。

2.1.1 构造格架

构造格架主要是依据野外地质调查、钻井、重磁电、二维或三维地震等资料的解释与成图,落实在多期次构造运动和多种构造应力作用下,页岩发育地区形成的现今区域构造格架、地质结构、构造沉积层序、断裂系统、构造形态等。

1. 地震反射波地质属性的标定

所谓地震反射波地质属性的标定主要是依据页岩气地层露头、钻井声波合成地震记录、地层岩性组合特征、各地层组厚度及其之间的比例关系等,确定主要沉积地层的地震反射标准层(图2-1)。

2. 构造层划分及沉积特征

“构造层”是指在一定构造单元内、一定构造阶段或构造期内所形成的一套地层组合。地壳发展阶段可以作不同等级的划分,如大阶段(megastage)、阶段(stage)、构造期(epoch)、构造幕(episode)等。地壳运动常表现为稳定与活动的波动性,在活跃或灾变时期,各种地质作用常发生快速、剧烈的变化,这就是地质事件,由其所造成的岩石圈变形和变位事件可称为构造事件。

通过对页岩发育地区多条区域性骨干地震剖面的构造-地层综合解释,从构造不整合面及其限定的构造层序的规模和沉积充填性质,划分和厘定了该地区的构造层序的级次和划分方案(图2-2),建立研究地区地震反射波、构造运动、构造层序与构造旋回关系,为深入分析研究地区的构造形成演化提供比较可靠的基础。

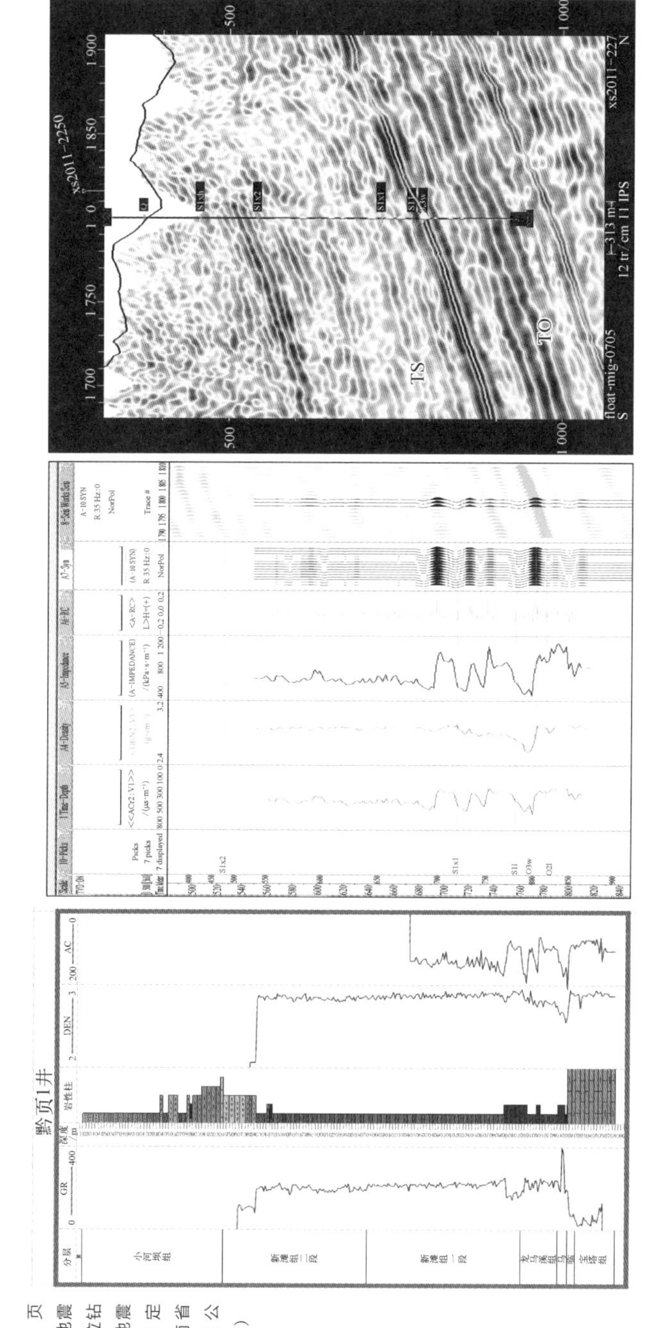

图2-1 页岩层系地震反射层位钻井合成地震记录标定（据河南省煤层气公司，2012）

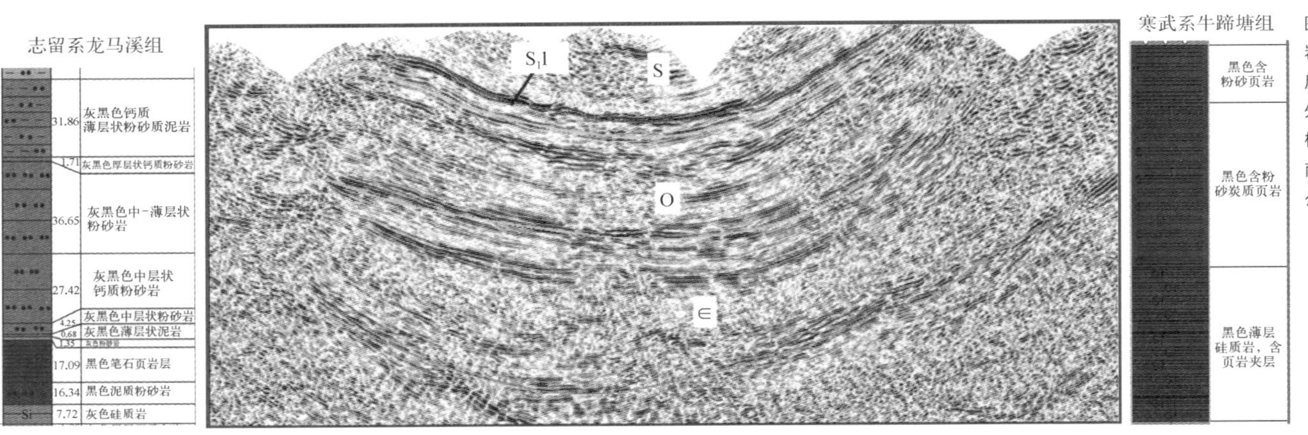

图2-2 页岩层系地震反射层位野外露头剖面标定（据河南省煤层气公司，2012）

3. 主要页岩层系地震反射波构造图

利用上述地震解释方案，对研究地区的二维或三维地震测网骨干地震剖面进行地震反射波的追踪对比和断裂解释，编制了研究地区主要构造界面地震反射波现今构造图(图2-3)。主要层系地震反射界面的现今埋藏深度分布图(图2-4)，是利用盆地模拟(PetroMod10)进行古埋深恢复的重要基础参数之一。

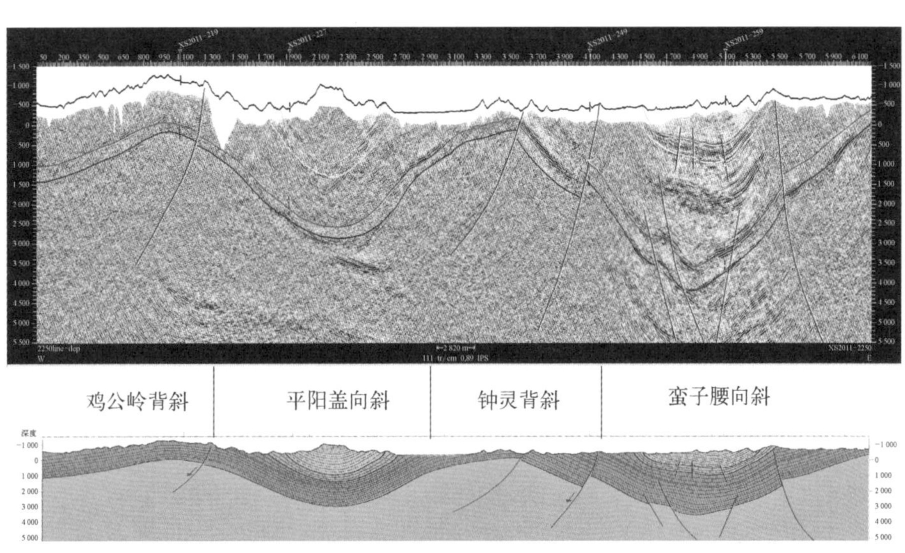

图2-3 渝东南秀山地区二维地震测线构造解释剖面(据河南省煤层气公司，2012)

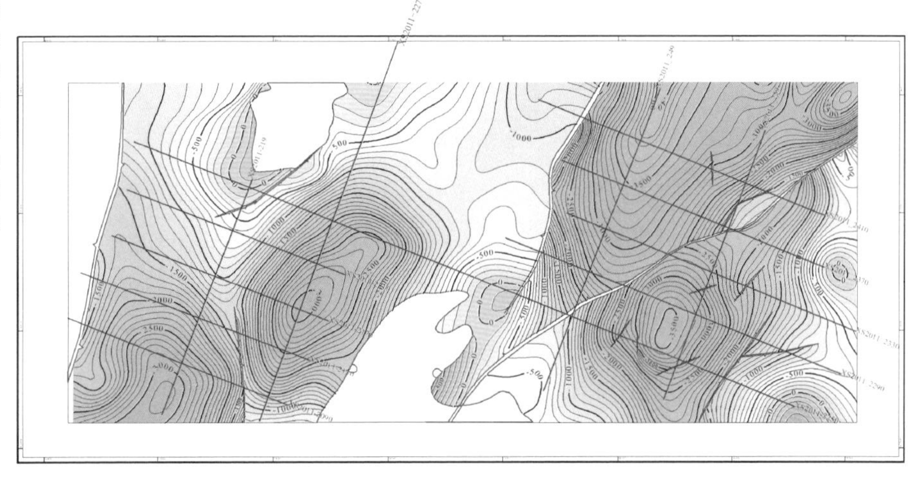

图2-4 渝东南秀山地区寒武系底牛蹄塘组黑色页岩层系底界构造(据河南省煤层气公司，2012)

4. 主要层系残余厚度图

依据研究地区不同地震反射波现今深度图,编制出了该地区对应层系的地层残余厚度图(图 2-5)。主要地震反射层系的残余厚度图不仅为古埋深恢复提供了重要参数,而且对古隆起、坳陷和斜坡构造单元的划分具有重要作用。

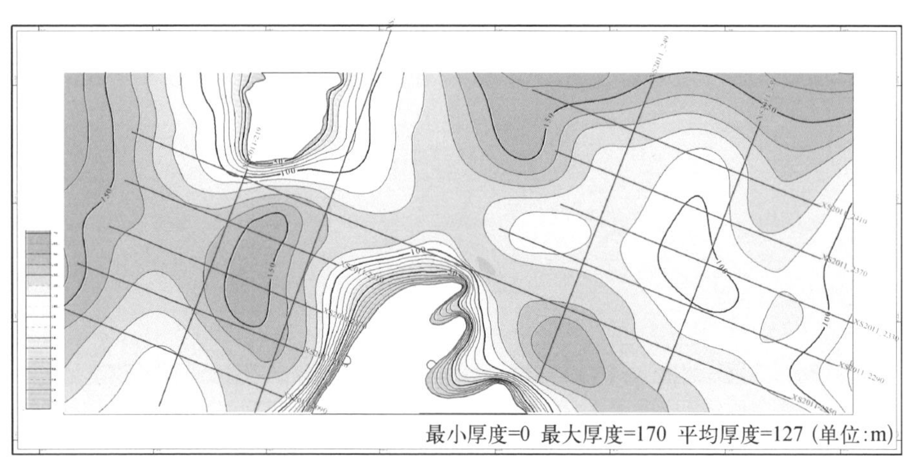

图2-5 渝东南秀山地区寒武系底牛蹄塘组黑色页岩层系残余厚度(据河南省煤层气公司,2012)

2.1.2 古构造恢复

含油气盆地主要构造期古构造的恢复是世界性难题,同时又是地学工作者们研究的重要课题。特别是古构造与油气关系密切,古构造对成盆、成烃、成藏各种要素具有重要的控制作用,因此,古构造研究一直是石油勘探机构所重视和强调的主要工作,它可以为含油气盆地综合分析与模拟和增储上产提供可靠的构造地质依据和有用的参数。

在美国地质调查所编制的《地质学辞典》中,对"古构造"一词解释为: 在地质历史中,一个地区从前的地质构造或岩石序列。崔盛芹(1982)把古构造理解为: 既成的现今构造形成之前,某一或某些发展阶段(同沉积期、造山期)的构造状况,古构造的

"古"字,本身并无绝对的时间概念,是相对于现今构造而言的。古构造研究由来已久,20世纪40—50年代,苏联石油地质学家 IO. A. 卡拉瓦什基娜、E. H. 佩尔米亚科夫等发展了"宝塔图"古构造分析方法;1969 年 Dahalstrom 等提出了平衡剖面的概念;Suppe J(1983)、Shaw J 和 Suppe J(1994)及 Rowan(2000)等进一步发展了平衡剖面古构造恢复的研究方法,不仅定量研究了古构造的变形过程,还探讨了古构造圈闭演化过程中局部变形带的空间分布特点。

中国的含油气盆地多数属于叠合盆地,经历过复杂的多旋回演化以及多期、多类型盆地垂向叠置历史,因此古构造恢复尤其重要。许多地质学家从不同的角度出发,探讨了古构造恢复的方法。如靳久强等(1999)探讨了西北地区侏罗纪原型盆地及其演化特点;张卫华(2002)提出了利用地震属性恢复古构造的方法;薛良清等(2000)利用古沉积相、地层接触关系与构造格架分析,研究了西北侏罗纪原始盆地面貌;漆家福等(2001)、杜旭东等(1999,2000)对黄骅坳陷中生代古构造进行了探索性恢复;吴冲龙和毛小平(1998)提出了运用物理平衡剖面法恢复古构造的方法;马如辉等(2006)提出了利用构造恢复原理来恢复古构造,并应用于川西地区,取得了良好的效果。但是由于构造演化的复杂性和地质影响因素的多样化,每一种方法都难以达到古构造定量或半定量研究所需的精度。因此,在对某一地区古构造恢复之前,需首先明确古构造研究的内容、尺度和古构造分析的方法。

1. 古构造研究的内容与尺度

1)古构造研究的内容

以古构造或构造演化和地球动力学为主线的含油气盆地综合分析是一个正确的思路,因为构造演化和地球动力学是同一种控制性的因素,它制约着各种地质作用。

研究含油气盆地古构造需要理论和应用结合。就理论方面来说,古构造研究应包括建造和改造两个方面。建造代表形成,改造代表变形。含油气盆地的历史是建造和改造相互结合、相互穿插的过程,两者互为控制。在建造分析方面包括地层层序的形成、沉积环境、岩浆活动环境、构造-古地理复原。在变形分析中包括几何学、运动学和动力学分析,这三者是应该联系起来考虑的。

现今构造理论观念不断更新,就需要以新构造观为指导进行古构造研究。新构造观的核心是活动论、阶段论和反转论。20世纪60年代板块构造简单模式提出后,大陆岩石圈构造研究继续取得进展，相继提出地体构造理论、岩石圈分层剥离假说、块体拼贴理论、整体地球构造理论和地幔柱理论等。岩石圈的伸展构造理论、压缩构造理论、走滑构造理论和反转构造理论均得到发展。上述这些理论与含油气盆地构造分析有着非常密切的关系。

进行古构造研究时要求五定，即定时、定性（型）、定量、定位和定向。含油气盆地古构造研究内容相当广泛，现今可从不同学科去进行研究，形成不同的、互有联系的方向。石油地质工作者有可能、也需要利用多学科知识对古构造研究进行综合研究。具体包括：① 从地层学研究古构造；② 从岩相、沉积古地理研究古构造；③ 进行沉降史分析、隆升及剥蚀量分析；④ 构造变形样式分析；⑤ 构造物理模拟实验再现演化过程；⑥ 根据平衡剖面原理进行剖面变形反演；⑦ 研究古构造应力场和数值模拟；⑧ 研究岩浆活动、变质作用及构造-热事件；⑨ 研究深部构造及其与浅层构造活动的关系；⑩ 研究造山带与盆地的演化关系等。地层是古构造研究的基础，正确的恢复构造演化只能建立在可靠的地层划分和对比的基础上。要综合利用古生物地层学、岩石地层学、地震地层学、同位素地层学、化学地层学和磁性地层学等成果，确定相对和绝对地质年代。

古构造演化研究中常应用构造层的概念，标定构造事件和地壳运动的性质是一项重要的工作。在含油气盆地深层研究中，有些哑层难以定时和对比，加上地震资料品质差，这给古构造研究带来极大困难。因此，要针对难点，多做地层方面的基础工作，加强野外与井下资料的对比。

从岩石学、古地理研究古构造的方向也称作构造-古地理研究、构造-沉积学研究、构造-岩相带或构造-岩石组合的研究，构造和沉积互有控制。

在半地堑中，构造控制沉积充填。在纵向水系、横向水系、不同气候和地理环境下的半地堑将会有不同的沉积模式。不同形态断裂（如平面式、铲式、坡-坪式）的上盘将会有不同的沉积凹陷产生。

在研究古生代构造-古地理时，需要根据古地磁资料等重建盆地所在的古纬度、古地理、古气候。此外，根据碎屑岩的轻重矿物组分常可以帮助确定物源区组成及其大地构造环境。有些塑性流动上拱的构造变形与盐膏及泥岩相关。盆地的建造性质和系列是古构造演化的记录和反映。

含油气盆地构造演化中,构造活动与岩浆活动、变质作用常常伴生,这就构成了构造-热历史或事件。中国东部新生代和中生代岩浆活动的显著差别反映了构造环境的重大变化。岩浆活动与断裂活动密切相关,岩浆底辟作用也是盆地构造中的一种形成因素,岩浆岩本身还是一种储层。在构造研究的基础上,结合地化、古地温资料分析热史和成烃史。

在含油气盆地古构造研究中,除了要有正确的构造观点、理论、方法外,还需要建立起一套先进技术系列,以保证能够充分利用现代计算机、现代科学技术和实验手段进行研究。这一方面近年来正在迅速发展,并不断更新和完善。

2）古构造研究的尺度

古构造恢复可从不同尺度来研究,从而获得较全面的认识。各种尺度构造要强调的研究内容也有差异。

（1）大区域盆地背景研究

大区域盆地背景研究属于超盆或盆际研究,应强调构造位置、处境、盆岭关系;成盆时代和原型;构造-古地理;盆地群的对比和分类;深部结构,浅、中、深各层次间关系;构造-沉积-岩浆期的划分及各期地球动力学等。这些研究内容基本上相当于朱夏(1986)所强调的 3 个“T”的内容。

（2）中等尺度的盆地本体研究

将盆地作为一个独立系统,研究其中的构造过程及各种地质响应,基本上相当于朱夏(1986)所强调的 4 个“S”,同时加以适当补充。中等尺度的盆地本体研究主要内容如下。① 层序、旋回、幕或事件分析,成盆期和反转期分析;② 盆地构造形变、构造样式、构造体系分析,盆地构造演化和不同时期应力场分析;③ 沉降史、埋藏史分析,沉降量、剥蚀量及沉降、剥蚀速率的计算和比较;④ 构造-沉积充填关系分析,构造-岩石组合,构造-沉积模式;⑤ 构造-岩浆活动、热史分析及变质作用等。

（3）小尺度的盆内构造研究

小尺度的盆内构造研究主要包括二级构造带、局部构造、局部区块、单条断层和裂缝的研究,具体研究构造分类及其三维几何学、三维成像技术、古构造发育、变形过程和形成的力学机制。在沉积学、地层学研究中,常利用单井分析方法。在石油构造分析中也强调以单井和单条地震剖面构造分析为基础,进行沉降-剥蚀史分析、构造解释及样式分析,以及利用平衡剖面进行合理的古构造恢复和利用古应力场数值模拟方法预测裂缝分布等。利用大量地震、测井资料是石油构造分析的特色,由于钻孔岩心很少,且又局限、难以定向,故微尺度的显微组构研究很难开展和发挥其作用。

总之,含油气盆地构造研究是一项庞大的系统工程,上述内容只是其中的主要部分,随着技术的不断发展,还将会有新内容补充进去。

2. 古构造分析方法

长期以来在古构造研究方面使用的方法大体上有两种: 编制厚度等值线图和古构造剖面图。在评价其应有的重要性时,应注意其局限性。所以,如果不综合运用各种古构造分析方法,就等于缩小了它的使用范围。

1）等厚图及其组合

迄今为止,在进行古构造恢复时,等厚图法是应用最广泛的一种。我们着手古构造编图时,应当在局部地区进行。

值得注意的是,为了直观,不论哪种编图法都应在等厚图上用细斜线标出相对隆起的范围,也就是厚度小于平均值的地区(E. H. 佩尔米亚科夫建议)。相应地,在这些图系中也应当用细斜线勾出现今构造图。

Ю. A. 卡拉瓦什基娜、E. H. 佩尔米亚科夫、全苏石油地质勘探研究所于 1951 年提出的等厚宝塔图方法是在一张图纸上安排几组横向排列的等厚图。其中表现较老层位底面发展的等厚图组排在较年轻的下面,将反映不同层位发育的等厚图按一定的时间顺序呈纵行上下排列。还应补充一点,这些图幅按时间先后顺序从左到右放置,最右边一列是所研究各层系的现今构造图。

尚需指出,继 K. A. 马什克维奇之后,“更完善”的等厚宝塔图在许多研究单位中得到推广,而且未引用 Ю. A. 卡拉瓦什基娜、E. H. 佩尔米亚科夫的方法。新的图幅与原来不同,图的排置在纵列上的同时性已不存在,因为将上一行的图幅相对下行连续的向左进行了移动。同一时期的等厚图只能沿对角线寻找。这就对图的分析带来不便,尽管按时间的方向(从左到右),要求将现今构造图放在右边,然而不知何故却被放在左边。但这种不好的方法比原来的方法更合适、更常用。

上述这些方法的应用进一步促进了理论研究和地质勘探实践的发展。以上主要讨论了这些等厚图方法在局部地区古构造研究中的广泛应用,当用于区域性编图时,则需对这些方法进行合理地选择。

2）古地质构造图编制

区域性编图与单个小地区编图的主要差别是,前者常有极不均一的地区。区域性编图的特点是要求揭去上覆盖层后详细地填绘古地质图。这种方法在先前的文献中已有详尽的叙述,其中包括译成中文的 A. И. 列沃尔先的著作。古地质图编制的方法与普通地质图没有什么差别,不同之处或许是古地质图的资料基本上都由钻探获得。

首先选定主要的不整合面,根据这些不整合面来编制古地质图。由于选择其他界面编制的古地质图将难以表现古地质面貌,只有选择主要不整合面编制古地质图,才能反映下伏地层剥蚀之后某一时期内主体部分的发育情况。

分析区域古构造运动发育时,同样需要相应的等厚图。为了使用于区域目的层等厚图更好地反映构造运动特征,在编图时应考虑区域性沉积间断,这正是构造运动改变的重要时期。而且如前所述,进行古构造研究时,这些等厚图能明显地反映不整合面的时间,甚至若有像侵蚀地形之类的非构造现象恰好在此时间形成,通过分析也易于被排除。

显然,把古地质图和古等厚图合并成统一的古地质构造图是恰当的,从 1955 年就开始这样应用,如果某一等厚线包括两个不整合面之间的层段,而地质图反映该层系顶面的情况,于是这种图就清楚地表示出那个阶段发展的景象。等厚线显示总的变动过程,而地质图则反映该阶段结束时的古地质面貌,于是,一系列连续的古地质构造图就能揭示该区全部地层层序的形成历史。

这些编图法以及其他一些方法还可用于编绘垂直运动等梯度对比图、沉积物堆积等速度图和构造发育继承等值线图等。

3）古构造剖面图

古构造剖面图(拉平的剖面)是最常用的古构造编图方法。在研究程度较差地区开始勘探时,古构造剖面有时也要在其他编图方法之前使用。古构造剖面是任一层位或全部层位厚度的剖面反映。等厚图为各时间段内分层垂直构造运动过程的某种综合反映。与等厚图相比,直观是拉平剖面的一大优点,古构造起伏在等厚图中还需要“判读”,而在拉平的剖面中却得到直接的反映。然而,该方法也存在不足,即在古构造剖面中,由于构造的走向随时间可能发生改变,如在某一构造阶段垂直于走向,而在另一阶段可能就是斜交的。

按发展顺序分阶段制作的反映某一深度界面和全部上覆岩层的古构造剖面系列图,与等厚宝塔图一样,可完全用于解决石油地质方面的问题。在1954—1955年就基本上着手将大地构造发育剖面图用于区域构造演化分析的目的,尽管类似的编图也适应于局部构造,这些图实质上是复合等厚图的剖面表现。在此,首先从被分析层位的底面开始,依次叠加上覆各地层的厚度,形成一个个新的叠加层;然后计算每个叠加层的叠加厚度的平均值,并相对于这个平均值(看作平均线)画出各剖面。

4）古构造曲线图

(1) 沉积岩堆积的数量曲线和速度曲线

复合的(综合的)等厚图和古构造剖面可以表示某一构造面的形成情况。但在这种情况下一般使用的图数量有限,对古构造作用的系统研究也不可能十分明了。继续研究新的方法,不论是对大地构造学还是石油地质学都是必需的。

为此,引用一个已在上世纪末就有的沉积岩堆积的数量曲线图。曲线的绘制方法很简单:将各岩层的厚度依次叠加,并将各值标入坐标系,其中 x 轴是相应绝对时间的叠加值。应当说明,不论是在广阔的区域(数值最后应根据算术平均或加权平均的原则计算),还是局部地区,甚至根据一个钻孔的资料都能作出这种曲线图。

这种曲线上的现今值自然是所研究层位距地表的埋藏深度(但不是绝对标高)。因为这种曲线是在绝对时间的基础上绘制的,相对而言,曲线越陡,其地层堆积的速度就越快。

用每层厚度(m)除以沉积时间(Ma),所得的值是非常重要的,因为它在量的尺度上直接表现了坳陷的速度。不过此速度也能在专门的曲线图(A. Б. 罗诺夫,1949;B. Б. 哈因,1954)中显示出来。这些曲线图,特别是其在与古构造分析的其他方法相配合时的重要价值将在下文进一步阐明。

最后还须指出,这种曲线图的一系列方法正在完善。其中有地层厚度绝对值分析法(厚度很小的除外),强调这一点对今后进一步研究是很重要的。

(2) 构造发育曲线图

构造发育曲线图可直观而详细地反映研究层随地质时代发展而呈现的构造形态,或为局部构造,或呈挠曲型台阶。该方法与前述某些内容有共同之处,区别在于所累加的不是地层的总厚度，而是厚度差。因而，对相邻层位而言，这种曲线表征的是地区的相对状况。

绘制方法归结如下：在现今构造平面图上（根据想知道的层位）选定沉降地区，然后计算（据标志层）低洼部位相对于隆起部位的厚度差值；将得到的各层值依次累加，并将其总和标在相应的曲线图上；曲线图的今数值（应特别指出避免混乱问题）为研究层底面在沉降区中的绝对标高减去在隆起带中的绝对标高。应当指出，由于这种方法具有很好的直观性，因而在地质研究中广泛应用。

（3）升降过程曲线图

升降过程曲线图是 E. H. 佩尔米亚科夫于 1952—1953 年提出的，步骤如下：在整个区域范围内确定每个分层的平均厚度（极值平均或算术平均，通常使用后种方法），再从这个数值中减去各局部地区的厚度平均值。如果某区在这段时间隆起（厚度较小），则求得正值；若发生沉降，则为负值。最后将这些值标在相应的曲线图上。今数值为研究层顶面在构造上的平均绝对标高与该层顶面在区域上的平均绝对标高之差值（E. H. 佩尔米亚科夫未做这一步）。

（4）构造发育综合特性曲线图

① 厚度差曲线图：得到厚度极值之后，再系统地研究它们的差值随时间的变化。其解析式为

$$K_1 = h_{max} - h_{min} \tag{2-1}$$

式中，h_{max}和 h_{min}分别表示各岩层厚度的极大值和极小值；K_1 为厚度差。曲线上的今数值是研究层中最上一个顶面绝对标高间的最大差值。

厚度差曲线展示了各期构造活动的幅度，又由于每个差值都隐含一个使主要地层改变其初始水平位置的构造力所需要的时间过程，因而这些差值实际上表示各期构造力作用的程度。

② 相对（时间上的）厚度极值差曲线图：如果研究涉及运动的幅度与它的强度 K_2，就应当用地层厚度的极值差除以地层的平均极值厚度，其解析式为

$$K_2 = \frac{h_{max} - h_{min}}{h_{max} + h_{min}} \tag{2-2}$$

应注意这种曲线的边界条件，当地层厚度无变化（$h_{max} - h_{min} = 0$）时，自然没有局部构造运动，其强度（K_2）等于零；若地层的极小厚度（h_{min}）等于零，则 $K_2 = 1$，说明局部构造活动的强度很大。其余所有 K 值均在 0 ~ 1，也就是说，这种曲线的边界条件是：$0 < K < 1$。

（5）构造发育继承系数

尽管构造发育的继承性问题不止一次地在文献，特别是在 H. C. 沙茨基的论著中述及，在 1958 年就有不甚复杂、对资料要求不多的确定构造带发展稳定程度的方法，但其定量评价至今仍未提出。

如果某一地区相对邻区一直在隆升或沉陷，这样的发展自然认为是极其稳定的，用 100% 表示。反之，如果两地带彼此相对的作不同方向的运动，假定其结果仍彼此相对的处于初始位置，那么这样的发展应认为是最不稳定的，用零来表示。而介于两者之间的状况用 0 ~ 100% 之间的数值来评价，在这些场合，一个地带相对另一地带向上或向下发生位移，但幅度不是最大。

以这个观点分析挠曲或局部隆起的发展时，按照前述的构造发育曲线，首先研究两点每个层位的厚度差。因为每个差值都表征着相对的垂直构造运动，都是所研究层位底面运动总幅度的组成部分。将这些差值累加（不考虑正负号），就是该地段相对垂直运动的总值，即 $\sum_{i=1}^{i=n}(h_{max} - h_{min})$。

研究层的实际古幅度可用以下方式求得，即两个点上研究层及其上覆各层位总厚度的差值：$(H_{max} - H_{min})$。在一般情况下，各层的最大厚度并没有集中在一个点上，同样最小值也分散在其他点上。因而，差值（$H_{max} - H_{min}$）通常都小于各层位厚度差的总和。

用两个点各层位总厚度的差值（隆起古幅度），除以这两个点各层位差的总和，就得到一个古构造运动稳定性的度量公式：

$$K_{ycT} = \frac{H_{max} - H_{min}}{\sum_{i=1}^{i=n}(h_{i\max} - h_{i\min})} \times 100\% \tag{2-3}$$

式中，K_{ycT}为构造发育继承系数。

根据式（2－3），可以评估出整个剖面以及剖面的某些重要区段构造发育的继承程度。

如果必须对现今构造发育系数进行计算时,要增加两个研究点绝对标高的差值,即将被研究的古构造层最上一层的顶面代入公式的分母中,而最下一层的底面则代入公式的分子中。

系统地进行构造发育稳定性的计算,才能作出以等值线形式反映的区域发展的稳定程度图。当地质学家运用这些方法成为习惯时,一些主观的概念遂将消失,如"不稳定发展""十分稳定发展""完全的(和不完全的)稳定发展"等。这就使得可以对各个地区的构造趋势进行客观对比。在所推荐的系数中,可初步概略地计算构造发育的稳定程度。按大致20%~25%的间隔分级,即可划分为4~5种类型。

5)沉降史分析

盆地是岩石圈浅层的负向单位,岩石圈的沉降作用是盆地形成的直接原因。盆地沉降史、各层埋藏史分析是含油气盆地分析和盆地模拟的基础工作,也是定量研究的重要参数之一。

引起盆地沉降的因素很多,主要包括构造和非构造两种因素。构造沉降是指地壳由于自身的动力因素而产生的主动沉降。这些构造因素包括岩石圈板块间的相互作用、热作用和相转换等。非构造沉降是指沉积负荷、古水深及海平面升降等。一个盆地的沉降过程常包含这两部分,它们是密切联系在一起的。在构造作用引起沉降形成盆地后,沉积负荷、全球海平面上升还可进一步促使盆地的下沉。

分析盆地的沉降时通常可选择某个构造面,考察它相对于某一基准面的沉降量。一般用沉降量和沉降速率两个参数来描述。

以地质年龄为横坐标,以某一点某地质界面相对于某参考面(通常是大地水准面)的高程值为纵坐标,用以反映该点的沉降过程的曲线称为沉降曲线。从沉降曲线中可以看出盆地基底面的沉降过程。如果在一张图中画出盆地基底和不同盖层地质界面的沉降曲线,则构成了盆地的埋藏曲线[图2-6(a)]。

如果从盆地基底沉降中扣除非构造因素的沉降,则剩余部分是构造因素引起的构造沉降。在基底沉降曲线之上可作出一条盆地构造沉降曲线,用以反映盆地的构造沉降过程[图2-6(b)]。

计算沉降量一般采用反揭法或称回剥法(Backstripping Method)。回剥技术是采

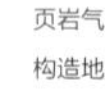

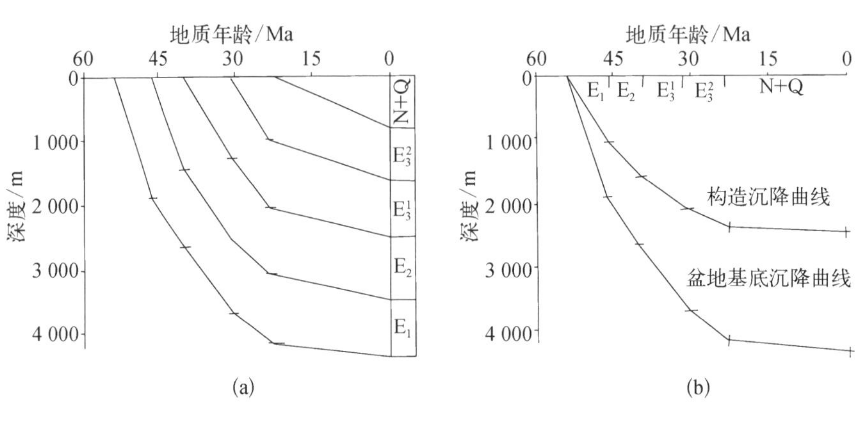

图2-6 盆地埋藏史曲线(a)与基底沉降曲线和构造沉降曲线(b)

用反演方法来恢复沉降史的地史分析方法,其基本原理是质量守恒法则及沉积压实原理。随着埋深增加、地层负荷增加,导致孔隙度变小,孔隙体积变小。故借助于孔隙度-深度关系就可恢复地层古厚度。

回剥技术建立在各地层保持其骨架厚度不变的前提下。从已知单井分层参数出发,按地层年代逐层剥出。其间考虑沉积压实、间断及构造事件等因素,直至全部地层回剥为止,最终恢复出该井各地层的埋藏史。

回剥技术的关键是用地层的孔隙度-深度关系来恢复古厚度和古埋深,即建立不同岩性的孔隙度-深度曲线。这一过程中要消除各种地质事件(如剥蚀、断层等)的影响,获得正常压实状态下的孔隙度-深度曲线(图2-7)。

正常压实情况下的孔隙度-深度关系可表示为(Athy,1930)

$$\phi(h) = \phi_0 e^{-ch} \tag{2-4}$$

式中 $\phi(h)$——深度 h 处的孔隙度;

ϕ_0——深度 $h=0$ 时的孔隙度;

c——压实系数。

若地层顶底埋深分别为 h_1 和 h_2,地层近水平,则该层厚度为 h_2-h_1,地层厚度包括岩石骨架厚度和孔隙厚度两部分。岩石骨架厚度为 $(h_2-h_1)[1-\phi(h)]$,孔隙厚度为 $(h_2-h_1)\phi(h)$。假如骨架厚度在压实中不变,则地层厚度变化就是孔隙厚度的变化。借助于孔隙度-深度关系就可以恢复地层厚度。

图2-7 正常压实曲线

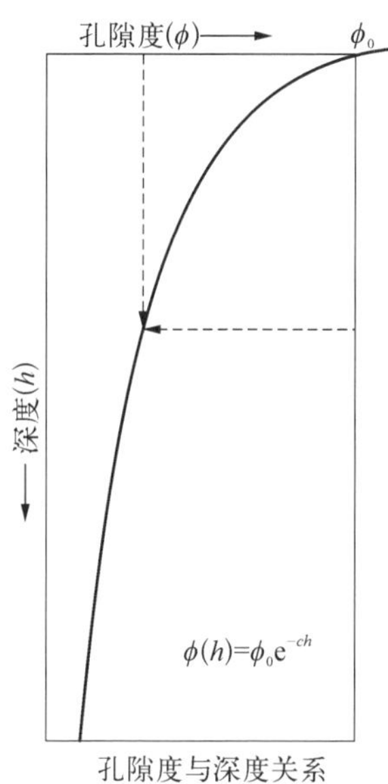

当厚度由 h_2-h_1 变为 $h_2'-h_1'$ 时，则岩石骨架应与原来的岩石骨架厚度相等，写成下式：

$$h_2'-h_1'\phi(h)=(h_2-h_1)[1-\phi(h)] \tag{2-5}$$

将式(2-4)代入式(2-5)，并进行迭代计算可求出地层在地表及不同埋深下的厚度，即古厚度和古埋深。

式(2-4)通常只适用于正常压实情况下。若在欠压实情况下，则应建立其他形式的孔隙度-深度关系或对式(2-4)进行修正。

地层孔隙度可通过实测岩心、声波时差测井、中子测井和密度测井等方法获得，其中声波时差测井和密度测井是常用的。

对于欠压实情况下地层孔隙度的计算可考虑建立方程组，将孔隙度-深度曲线分段进行处理，变非正常为正常情况。

用地层厚度求盆地构造沉降量的方法，构造沉降是反映构造作用引起的沉降，它可表示为

$$S_{rr}(t)=S_r(t)-S_L(t) \tag{2-6}$$

式中　$S_{rr}(t)$——时刻 t 的构造沉降量；

$S_{r}(t)$——时刻 t 的基底沉降总量；

$S_{L}(t)$——时刻 t 的盆地负荷沉降量。

可以用时刻 t 的盆地地层古厚度 $H_s(t)$ 表示，由艾利均衡公式求得 $S_L(t)$

$$S_L(t) = H_s(t)(\rho_s - \rho_w)/(\rho_m - \rho_w) \tag{2-7}$$

式中　ρ_s——盆地沉积层的平均密度；

ρ_m——地幔密度；

ρ_w——水在0℃时的密度。

ρ_s 与沉积物骨架类型、孔隙度、孔隙流体类型等有关，可表示为

$$\rho_s = \phi(h)\rho_f + [1 + \phi(h)]\rho_{ma} \tag{2-8}$$

式中　ρ_{ma}——岩石骨架密度值，相当于同类致密岩石的密度；

ρ_f——孔隙流体的密度，大致与 ρ_w 相当；

$\phi(h)$——孔隙度随深度的函数。

将式(2-8)代入式(2-7)、式(2-6)中，并将总沉降量以地层古厚度 H_s 与古水深 H_w 之和表示，可表示为

$$S_{rr}(t) = \frac{H_s(t)[(\rho_m - \rho_{ma}) - (\rho_{ma} - \rho_w)\phi_0 e^{-ch}]}{\rho_m - \rho_w} + H_w \tag{2-9}$$

式(2-9)得到的是由水体充填时盆地的构造沉降量，将水体负荷去掉，则可得出空气充填时盆地沉降量。

由于泥岩、砂岩原始孔隙度不同，在埋深过程中压实程度不同会导致压实系数不同。因此，要分别求出各自原始孔隙度及压实系数，而后统计地层中砂、泥岩含量，并分段计算。以上工作都通过计算机来进行。

隆升及剥蚀量分析是古构造恢复的难点。盆地模拟要求有这方面的参数，以确定有多少厚度曾被剥掉，曾经达到过的埋藏深度是否曾达到过成烃门限深度。

隆升规模及速率可以达到很大的量级，如榴辉岩、变质核杂岩和侵入岩出露于地表都表明隆升可及十几至几十千米。在伸展、挤压、走滑作用中都可能发生隆升。不

整合和非整合都代表上升幕。上升幕分为长期的和短期的,规模也不同。

剥蚀量恢复方法有区域对比法、趋势延伸法、古地质图分析、全球海平面变化周期变化比较、声波时差、R_o值突变、裂变径迹方法、波动地质学方法、元素异常分布法等,各种方法需要对比相互验证。

6)平衡地质剖面

Chamberlain(1910,1919)最早提出平衡地质剖面的概念,用面积守恒法计算滑脱面深度和缩短量。Backer(1933)、Goguel(1962)、Laubsher(1962)都使用了这种方法。Bally 等(1966)出版了最早的一批平衡剖面。Dahlstrom(1969)将平衡过程引入推覆构造的几何学研究中,他认为建立平衡剖面的目的就是将未知限制到在地质上被认为是合理的地步。Gwinn(1970)用剩余面积法确定了阿帕拉契推覆带缩短量。Elliott(1977)也对面积平衡法进行了卓有成效的研究。

20 世纪 80 年代早期,Suppe 等(1980,1983,1985)系统阐述了断弯褶皱的概念及其演化,并给出了各种几何参数间的关系表达式,使之对褶皱及其深部形态变化有了更深刻的认识。

80 年代中期,使用正演方法作平衡剖面引起了地质学家的兴趣。与回剥法比较,正演法有三个突出的优点:① 当输入的地层和构造参数在一定范围变化时,可以判断多种不同构造类型组合的合理性;② 不仅能模拟最终的构造变形,还可显示其演化过程,并判断是否平衡;③ 可以生成应用于物理模拟(如应变)的网格状变形。目前,正演模型已发展为重建地质剖面演化的一种重要方法。

1984 年在法国召开的国际推覆构造会议上已公认推覆构造和平衡剖面理论是现代构造地质学的重要成果之一。1989 年在美国召开的第 28 届国际地质大会上,平衡剖面技术已被视为地质研究和勘探工作的一项基本方法。

对于地质学家来说,一个合理的、可以接受的地质剖面是至关重要的。Elliott(1983)指出:"复原剖面和变形剖面必须同时建立,如果一条剖面能够被复原到未变形的状态,那么它就是一条合理的剖面,一条平衡了的剖面应当既是合理的又是可接受的。"但平衡剖面不一定是真实的,它只是一个模式,与未平衡剖面相比,它满足了大量合理的限制条件,因此更接近于正确,而不平衡剖面则肯定是错误的。

使用复原方法编制平衡剖面时应满足以下条件和基本原则。

（1）面积守恒原则，即变形前后地层所占的面积（剖面）不变。岩层沿滑脱面变形时，滑脱面以上剖面的面积在变形前后不变，据此可计算滑脱面深度。

（2）层长守恒原则，即各标志层恢复后的长度应当相等，否则在长层和短层之间必有不连续，如出现分支断层、断层相关褶皱、位移变换带等。刚性地层在变形过程中基本上保持面积和长度不变，而塑性岩层变形前后面积基本不变，但其长度有很大差异。恢复法制作平衡地质剖面的具体步骤较复杂，各种性质变形需选用不同的复原计算方法。

与剖面的平衡复原原则相对应，剖面的平衡恢复方法主要有以下两种。

（1）等面积法。该方法适用于一些由于穿透应变作用导致地层厚度发生变化，而变形过程中体积保持不变。此法早在20世纪初就已提出，但长期被搁置。直至60年代末推覆构造理论的发展，特别是薄皮构造概念的产生，等面积法才显示其活力。等面积法有面积恢复法、剩余面积法和等面积-关键层恢复法（等面积法和等长度恢复法的结合）。

（2）等线长度法。假定剖面中所有地层单元的线长度在变形中保持不变，那么，一个几何学上正确的解释剖面应该是在复原中受同样断层影响的所有上盘地层单元的长度应该相等。等线长度法是假定地层变形是由弯滑作用引起。

在解释二维及三维地震剖面的基础上，经过时深转换为地质剖面。然后用反揭法和去压实校正编制出各阶段构造演化剖面，并可计算出盆地不同阶段的变形量和沉降量、主断裂的垂直和水平位移量，也可得到断裂活动出现次序及演化规律。

随着计算机性能的提高及图形分辨率的增强，平衡剖面软件已成为构造地质学家和石油地质学家的重要工具。计算机可以制作手工无法完成的平衡剖面，即将平衡剖面的原理和方法移植成操作流程，其实质并未作改变；国内外出现了许多版本的平衡剖面软件，大多是在工作站上完成的，如Geosec Paradigm、TSM（吴冲龙、毛小平等，1998）。

7）构造应力场研究古构造

应力场为物体内部的应力空间分布状态，构造应力场则是指导致构造运动的应力场，是在一定空间范围内构造应力的分布。地壳内的构造变形都是地应力作用的反映和结果。

构造应力场分为现今构造应力场和古构造应力场。现今构造应力场是目前还存在或正在活动的构造应力场,古构造应力场是地史时期的构造应力场,两者的研究方法有很大差异。现今的构造活动,如地震、活断层等都可以通过直接观测或遥感而获得;而古构造应力场能看到的只是各种构造形变的结果,主要通过地质分析和构造模拟方法进行研究。

(1) 古构造应力场的确定方法

在古构造应力场的研究中,要定时、定向、定量。定时就是要研究地质时期构造形变的相对次序和形成年代。定向就是用各种构造形变痕迹,如褶皱、断层、节理、劈理等来反推某一时期内构造应力的方位,即三个应力主轴的方位。利用节理有时可确定主应力方向,如与初始张节理产状相垂直的是最小主压应力方向,共轭剪节理的锐角平分线为最大主压应力方向,钝角平分线为最小主压应力方向,共轭剪切面的交线为中间主压应力的方向。

Anderson(1951)指出了断层和主应力方向的关系及在脆性破裂条件下形成的三种断层的主要类型的应力状态:① 正断层为最大主压应力直立,中间主应力和最小主压应力水平,中间应力和断层走向平行;② 逆断层为最大主压应力和中间主压应力都是水平,最大主压应力垂直于断层走向,最小主压应力直立;③ 平移断层为最大主应力和最小主压应力都是水平的,中间主应力直立。

根据应力作用与褶皱形成的关系,可将褶皱分为纵弯褶皱和横弯褶皱以及它们的过渡类型。纵弯褶皱是在顺层挤压力作用下形成的,褶皱轴面与最大主压应力轴垂直,褶皱的枢纽相当于中间主应力轴,最小主压应力轴直立。横弯褶皱的最大主压应力方向都垂直于原始岩层面,中间主应力和最小主应力不易确定,一般其长轴方向为中间主应力方向,短轴方向为最小主压应力方向。

古应力的定量问题是一大难题,目前还处于半定量状态,可用数学解析法和实验室分析法来测量和估算古构造应力值。如岩石声发射法是利用 Kaiser 效应测定岩石所承受的最大应力值;数学解析法是根据断裂的共轭角来推算古构造应力值(最大剪应力);位错密度法是根据岩石矿物中的位错密度来估算位错时形成的构造应力(差应力)的大小;动态重结晶颗粒法是根据矿物动态重结晶颗粒的大小来估算构造应力(差应力)的大小;亚颗粒法是根据亚颗粒大小和差应力的关系来估算构造应力的大小。

(2) 构造应力场的数值模拟

用数值模拟研究应力场是实现定量化研究的重要手段。首先通过构造变形资料建立地质模型,利用一定的构造约束条件使用有限元方法计算特定时期的构造应力场,从而可得到应力空间分布的状况及其定量结果。在此基础上,根据岩石破裂准则、裂缝观测、岩石力学实验研究、数值模拟结果等,来确定构造裂缝的方位、产状、性质、组系和密度。最后进一步结合流体资料来分析应力场与油气运移的关系。

研究含油气盆地构造应力场及裂缝分布需要编制的图件主要包括边界条件及网格剖分图、主应力方位图、主压应力等值线图及分区图、最大剪应力等值线及分区图、裂缝方位图、破裂值等值线图、破裂发育程度分区图、应变能等值线图和破裂倾角等值线图等。

研究油田地应力和裂缝分布,有助于优化井网布置方案,减少水窜,增强注水及压裂效果,提高油田采收率。地应力场数值模拟是裂缝分布预测的重要技术之一,孔隙储层中的油气运移是从高平均应力区向低平均应力区运移,在裂缝储层中的油气运移方向应为最小主压力的梯度方向。断层的封闭性与构造应力关系密切,平均构造应力与断层的倾角联合影响着断层的封闭性,构造差应力与断层的倾角和方位一起影响着断层的封闭性。

从以上分析可以看出,古构造恢复的理论基础是沉积补偿原理,即认为沉降速度和沉积速度相对稳定、大致相当,正是基于这种沉积补偿的假设,才可能重塑地层的构造发育史。

总之,含油气盆地古构造研究内容相当广泛,主要包括建造和改造两个方面。古构造研究的尺度包括大区域盆地背景分析、中等尺度的盆地本体研究和小尺度的盆内构造研究等。古构造分析方法比较多,如等厚图及其组合、古地质构造图编制、古构造剖面图、古构造曲线图、沉降史分析、平衡剖面法、构造应力场研究等。

3. 古地貌形态恢复

1) 古地貌概念及恢复意义

塔里木盆地自震旦纪以来经历了多个构造旋回的演化,最终在喜马拉雅期定格。在整个盆地构造演化历史中,存在多个相对剧烈的构造变革期,原型盆地类型、隆坳分布及构造背景发生的重大变化,产生了多个重要的古构造运动不整合面。这些不整合面既代表了不同构造旋回的结束,也代表了另一构造旋回的开始。追踪研究这些不整合面的形成过程及构造变革作用对变革前原盆地的改造和变革期后盆地发育的制约,是一个重要的科学问题,也是阐明盆地油气聚集规律的前提。

关键界面和关键时期的古地貌与不整合面演化密切相关,分为以下两个时期。

(1) 不整合面开始发育,由沉积向剥蚀的转换,该时期古地貌为沉积古地貌,或称构造古地貌,是指古隆起被水淹没时刻的地貌形态(图2-8),古地貌重建为残留地貌和剥蚀厚度。

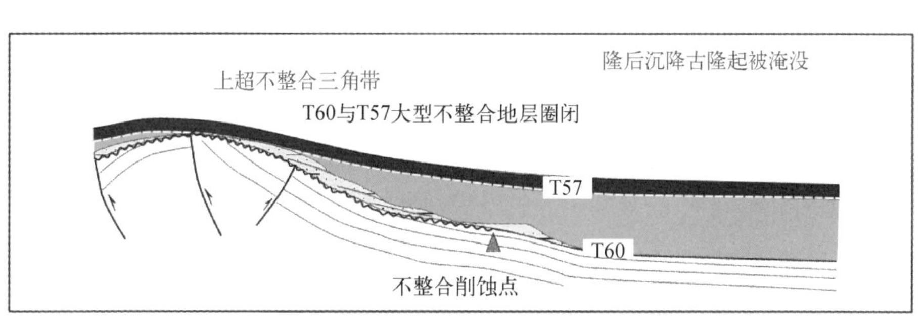

图2-8 沉积古地貌形成示意(据林畅松,丁文龙等,2007)

(2) 不整合面演化结束,由剥蚀向沉积的转换,该时期古地貌为改造地貌,即剥蚀古地貌(图2-9),古地貌重建为残留地貌形态;与主要构造变革期不整合面剥蚀趋势、剥蚀程度相关的残留地貌形态及与古地貌有关的构造单元是油气富集的主要部位。如古隆起、古斜坡、不整合带等。古地貌是控制沉积体系发育的关键因素之一,也是控制碳酸盐岩储层发育和分布的主要因素之一,主要表现为以下两点。① 剥蚀古地貌(岩溶高地、岩溶斜坡、岩溶谷地)对岩溶(裂缝)型储层形成分布具有重要控制作用。淡水的溶蚀作用是造成古岩溶作用的主要因素之一(另一因素是埋藏有机-无机溶蚀作用),即成岩期后暴露淡水溶蚀作用,主要包括与构造隆升剥蚀暴露和层序界面暴露有关的淡水岩溶作用。岩溶高地是寻找岩溶型储层的最佳地区,其次是岩溶斜坡及岩溶谷地近岩溶斜坡一侧。② 构造古地貌对沉积相和生物礁、滩储集体具有重要控制作用。一般认为生物礁滩主要发育在断隆平台及其边缘带(台地边

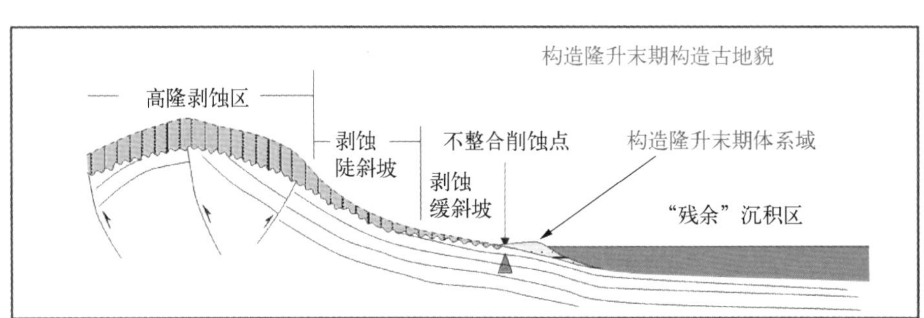

图 2－9 剥蚀古地貌形成示意(据林畅松,丁文龙等,2007)

缘斜坡)上。

2）古地貌恢复的主要内容

(1) 古地貌恢复的形态参数分析　包括古地貌恢复的关键参数选择、古地貌恢复的参数计算(含残余地层厚度分析、剥蚀量计算、压实校正、古水深恢复)、古地貌恢复参数系列制图。

(2) 古地貌恢复的属性参数分析1——古湖泊研究与水深标定　包括湖水古流向研究、湖水古环境研究、湖泊古水文及沉积地球化学研究。此外还有古生态分析、沉积地球化学分析、古水深模板建立、古水深等值线编图、古湖泊相带划分、古湖泊及气候演化周期分析、主要目标层序的初始湖泛面和最大湖泛面标定等。

(3) 古地貌恢复的属性参数分析2——古环境与古物源分析　即充分利用露头、钻孔和地震信息,同时结合层序地层、砂分散体系和沉积体系的精细解剖,揭示古物源区及其对应沉积体系的空间配置关系。

(4) 古地貌特征分析　充分融合古地貌恢复的形态与属性参数,恢复古地貌,重点揭示古地貌、古物源、古环境三者之间的空间配置关系。总结古地貌的特征和控油规律,以便于指导油气勘探。

(5) 古地貌-环境建模与可视化表征　主要包括信息拾取和数字化、空间信息处理、主要界面及其地质体建模、现今盆地结构表征、古地貌恢复参数建模、古地貌参数模型单元叠合集成、古地貌表征、古地貌与物源体系和沉积体系的叠合集成及同沉积期盆地结构表征等。

3）古地貌恢复的技术思路

（1）关键技术　古地貌恢复的关键技术有以下几种。

① 地质测量技术：地质露头测量与取样；岩心观测、测量与取样。

② 地震终端反射技术：关键界面追踪与界面闭合，重点是对主要构造不整合界面进行追踪对比和精细解释。

③ 地球物理测井技术：地层对比、井-震标定、沉积环境解释等。

④ 压实校正：盆地模拟系统，根据压实前后地层骨架体积不变原理，或地层骨架密度不变原理，建立压实校正公式，通过迭代法求解方程得到原始沉积厚度。

⑤ 剥蚀量恢复技术：地层对比法、沉积速率分析法、测井曲线法、镜质体反射率法、磷灰石裂变径迹分析法、沉积波动过程分析法、宇宙成因核素分析法及流体包裹体测温法等。

⑥ 古生态与环境分析技术（古水深恢复）：湖水古流向研究，包括岩石磁组构、湖相底栖生物；湖水古环境研究，包括环境磁学、遗迹组构、微古植物、古动物（介形类、双壳类、腹足类、叶肢介类等）；湖泊古水文及沉积地球化学研究。

⑦ 空间信息数字化与拾取技术：关键界面空间信息数字化、信息融合和信息处理。

⑧ 三维空间信息建模与可视化表征技术：关键界面及古地貌建模、模型叠加与层拉平计算，地质对象的三维可视化表征。

（2）研究思路

在古地貌研究中，基础地质分析、古地貌形态与属性参数研究，以及古地貌、古物源、古环境三者的集成与表征是三个必须又重要的步骤。

① 研究目标选择与资料收集

选择关键界面和重点解剖层位，全面收集相应的基础地质资料和先期研究成果，针对不同区块的勘探程度选择相应的数据采样密度。

② 古地貌恢复的关键形态参数选择

古地貌恢复的关键参数有：地层残余厚度、剥蚀厚度、压实校正与古水深恢复。

③ 参数拾取与数字化

二维地震、三维地震、测井信息、地表地理等信息是古地貌-环境恢复参数的主要来源,通过这些参数的拾取从而实现不同信息包(数据库)中各界面及地质体的有用信息方便提取及其数据融合和数据转换。

④ 现今盆地结构表征(古地貌残留结构表征)

主要实现关键界面高程制图、残余地层厚度制图、关键界面空间建模与可视化、目标层(地质体)空间建模与可视化、模型单元集成与现今盆地结构表征(古地貌残留结构表征)。

⑤ 压实量计算恢复与建模

借助盆地模拟系统进行盆地压实量计算,编制压实量平面图,进行压实量三维建模,依据压实前后地层骨架体积不变原理,或地层骨架密度不变原理,建立压实校正公式,通过迭代法求解方程,得到原始沉积厚度,进而对压实量进行恢复与建模。

⑥ 古湖泊沉积学、古水深恢复与建模

通过陆相遗迹组构分析,动物化石、藻类及其他微古植物化石鉴定和分析,沉积地球化学测试和分析等,同时结合沉积学研究,再现古湖泊沉积环境,编制关键层位古水深等值线图,总结古湖泊与古气候演化周期,在重点层序内部标定初始湖泛面和最大湖泛面,实现古湖泊的三维建模与可视化。

⑦ 剥蚀量计算(恢复)与建模

通过剥蚀量恢复的方法探索选择,剥蚀量计算,剥蚀量的平面编图,得到剥蚀量的三维建模。

⑧ 古地貌参数模型单元的叠合计算

借助空间信息建模与可视化技术,实现古地貌各参数模型单元的叠合、集成与层拉平计算,恢复古地貌并实现可视化。

⑨ 古物源和古环境分析

主要借助"盆地构造地层和区域层序地层学研究"成果,厘定古物源和沉积体系分布规律,进行空间建模并实现可视化。

⑩ 古地貌模型单元和古环境模型单元叠合与集成

同样借助空间信息建模与可视化技术,实现古地貌模型与古环境模型的叠合与集成,展示三维的地貌、物源与沉积体系之间的空间配置关系,最终实现同沉积期盆地演化过程与结构的三维表征。

⑪ 古地貌特征分析

根据古地貌形态和属性参数的空间变化,总结古地貌特征,阐明古地貌、古环境、古物源三者之间的空间配置关系。

4) 古地貌恢复研究现状与存在问题

古地貌恢复目前已成为国际上含油气盆地的研究热点,但也是世界级的难题。恢复古地貌的形态、探讨古地貌对沉积环境、沉积相类型、页岩储层和碳酸盐岩储层的控制作用,寻找有利储层发育区带,可以为含油气盆地的油气勘探和开发提供重要的指导作用和参考价值。目前,对盆地的构造特征和发育演化方面研究得比较多;而对盆地关键构造变革期的厘定与构造-古地理重建、构造演变与沉积-剥蚀过程的统一分析及其对"活动"构造-古地理的控制、不整合面结构、剥蚀过程、剥蚀量估算以及古地貌恢复等方面的研究还比较薄弱。

目前恢复古地貌的方法主要有以下几种: ① 利用沉积相的各种地震反射特征,研究古地貌单元发育及分布特征;② 地层回剥分析法;③ 分析地层残留厚度得到古地貌形态;④ 应用层序地层学识别各层序中的古地貌特征(王家豪,王华,2003)。

同现代地貌一样,古地貌形态受到所处的区域构造位置、气候、基准面变化及构造运动等因素综合作用的控制。对于古地貌的重建,前人试图从不同角度出发来研究恢复沉积前的古地貌。就目前而言,关于沉积前的古地貌恢复仍停留在传统的沉积相分析的基础上,即通过柱状剖面对比图来概略反映古地貌轮廓。然而这种方法并不能完整地反映古地貌形态,从而影响了沉积和储层方面的研究工作。

总体上看,目前比较缺乏对古地貌的恢复以及各地貌单元对沉积体系、沉积相类型和储层等控制作用方面的研究,因此,寻找更有效的方法恢复古地貌对油气勘探、开发是非常必要的。

5) 地震古地貌恢复技术

2007 年 *American Association of Petrdeum Geologists* 提出了地震古地貌学-地震古地貌恢复技术,即利用 3D 地震资料恢复古地貌。该技术侧重于地震剖面的地层接触关系分析,局部地区用钻井声波时差或镜质反射率进行判断。该方法现已广泛地应用于含油气盆地古地貌恢复研究中,并取得了比较好的效果。利用地震资料恢复剥蚀古地貌和沉积古地貌的方法原理分别介绍如下。

(1) 剥蚀古地貌恢复方法原理

根据地层结构外延及相关变形法,利用 2D 或 3D 地震剖面,分析不整合反射层的延伸趋势,并估算剥蚀量,编制剥蚀量分布图。

剥蚀量的大小不仅反映了地层剥蚀前地形地貌的相对高低形态,即剥蚀古地貌,而且还反映了岩溶作用的强度,因此,将剥蚀古地貌应用于岩溶储层的研究,将其划分为"岩溶高地、岩溶斜坡和岩溶谷地"等地貌单元;同时结合研究区的裂缝发育特征,可以较好地分析预测不同地貌单元岩溶裂缝储层发育程度和有利地区。

(2) 沉积古地貌恢复方法原理

当古隆起被古水深淹没时,沉积一套将古隆起初次完全覆盖的地层,该沉积地层是用来恢复古地貌的关键地层(图 2-8)。若以该地层为基准面,将其上覆地层剥掉,即拉平该地层,则该地层面可近似的看作古隆起刚好被淹没的古水平面(图 2-10)。

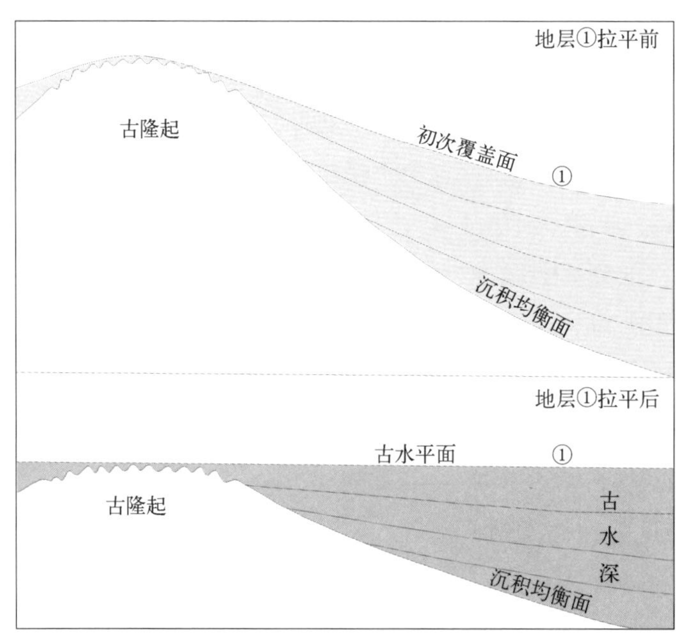

图 2-10 沉积古地貌恢复新方法示意(据林畅松,丁文龙等,2007)

选择古隆起被沉积埋藏时的沉积均衡面,通过地震反射结构和沉积相识别古隆起顶面恰好被覆盖的沉积界面,将其拉至水平,去掉上覆地层的影响,则该沉积面与古隆起沉积均衡面(不整合面)之间的厚度,即可近似看作古隆起刚好被水淹没时的古水深。该古水深可大致反映当时的构造古地貌形态(图2-10)。

与其他方法相比,沉积古地貌恢复方法更能真实反映原始构造地貌形态。利用该方法恢复的古地貌可以分析预测研究区页岩储层和碳酸盐岩储集体发育区带。具体实现过程为: ① 利用地震和钻井资料进行标定,并建立合理的地震剖面网络体系,以控制整个地区的地层分布,对不整合面及基准面进行精细解释。② 在地震剖面上,将基准面拉平,此时,基准面处深度为0 m,而不整合面所处的深度则相当于古水深。③ 统计古水深值,绘制古水深平面图,即可准确地恢复构造古地貌的起伏形态,并可对其进行地貌单元划分,分析各地貌单元与沉积相、储层、油气成藏等的作用关系。

从以上分析可以看出,构造古地貌恢复的关键步骤是选择古隆起被沉积埋藏时的一个沉积均衡面(相当于不整合面),通过反射结构和沉积相估算当时的沉积古水深。根据沉积均衡面和古水深变化,即可恢复出当时的古隆起形态。

4. 古构造格架恢复

古构造恢复主要包括古地貌形态恢复和古构造格架(古埋深、同沉积断裂体系)的恢复这两部分内容。前者是定性地反映主要构造期研究区大的隆、坳格局;后者则是反映主要构造期的古构造形态、埋藏深度及古断裂体系展布等。两者结合可以综合反映出研究区的古构造特征及演化。

因此,在对页岩发育地区地震骨干剖面构造-地层综合解释与成图的基础上,首先分析各地层组(段)之间的接触关系,进行不整合面的类型及特征的识别,重点研究主要不整合面类型及分布,恢复主要不整合面的剥蚀量(趋势)分布,研究不同剥蚀期古地貌分布特征。其次,还有古构造格架的恢复,主要包括古断裂体系与古埋深恢复研究。

1) 古断裂体系

在对研究地区联片地震剖面断裂构造解释的基础上,编制研究地区不同层系地震反射波断裂分布图。根据沉积盖层断裂的变形特征与分布及对构造和沉积的控制作用等,结合区域骨干地震测线的平衡地质剖面研究,综合分析页岩发育地区的断裂发育与分布特征、断裂样式、断裂级别、断裂活动方式与期次、断裂体系形成的区域应力场背景等。

2）古埋深恢复

依据研究地区不同地震反射波现今等 t_0图相对应的各不同层系地层残余厚度图、主要不整合面的剥蚀量分布图等基础地质资料。在考虑到去压实校正、古水深的影响下,运用 PetroMod10 盆地模拟软件,对研究地区进行不同时期不同地震反射界面的古埋深恢复;重点编制研究地区页岩气主要勘探目的层地震反射界面在不同构造时期的古构造图,以更好地反映主要油气勘探目的层(含气页岩层)在不同时期的埋藏深度、古构造形态及分布特征。

2.1.3 古构造演化与页岩沉积充填

在对研究区或含油气盆地内主要页岩气勘探目的层系沉积时期的古地貌和古构造恢复的基础上,划分不同沉积构造时期的古构造单元,即古隆起、古斜坡、古坳陷、古断裂带等。

根据主要页岩层系顶面或底界在不同时期的古地貌和古构造图,结合平衡地质剖面制作,分析页岩发育地区的古构造剖面和平面构造演化特征。并在古地貌和古构造背景下,确定研究区内页岩同沉积时期的盆地类型、古构造形态和构造单元分布,分析其页岩沉积充填过程、岩性组合、沉积相、厚度分布等。

2.2 构造特征及其对页岩发育分布的影响

页岩发育地区的构造特征及其对现今页岩发育分布的影响研究,是页岩气构造分析的重要内容之一,主要包括: ① 研究断裂和褶皱样式及分布特征与成因;② 断裂组系、级别、期次及演化分析;③ 不同期次形成的褶皱和断裂对页岩发育与分布的控制作用;④ 构造隆升与不整合剥蚀量恢复及剥蚀古地貌研究。下面以上扬子地台的黔北地区下古生界海相页岩气勘探为例进行阐述。

2.2.1 构造样式及分布特征

黔北地区褶皱、断裂构造发育程度较高(图 2 - 11),褶皱整体上呈北东向或北北东向展布,以隔槽式褶皱为主,向斜狭窄紧闭呈紧密槽状,背斜宽阔舒缓呈箱状,也可见到隔挡式褶皱。单个褶皱呈“S”形或反“S”形,这反映出黔北地区构造变形以挤压为主,具有走滑的性质。为了反映该地区整体的构造形态,可以通过横穿研究地区的区域性地质构造大剖面来解释其地质结构和构造样式类型(图 2 - 12)。

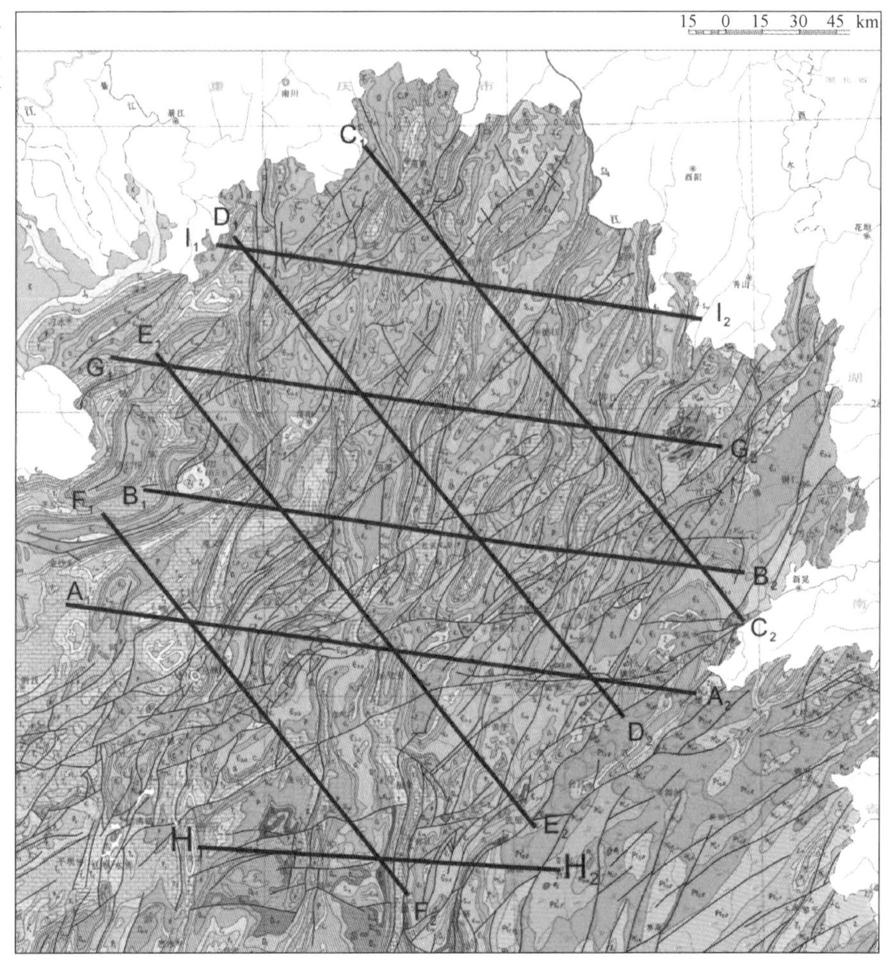

图 2 - 11 上扬子黔北地区区域大剖面位置分布

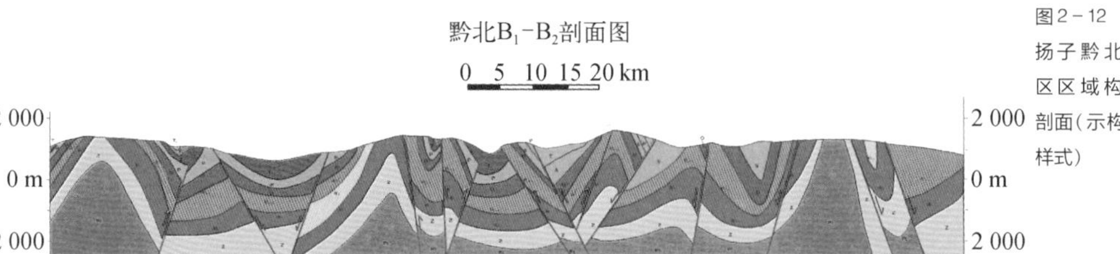

图2-12 上扬子黔北地区区域构造剖面(示构造样式)

2.2.2 断裂特征与期次分析

从整体上看,贵州省断裂非常发育,具有多组断裂体系,包含北东向、北北东向、南北向、北西向、东西向5组断裂,相互切割、联合、干扰,非常复杂。断层倾角一般较大,大多在50°~ 80°,有的断面直立,甚至发生倒转。

根据断裂发育程度,可将贵州省划分为断裂发育区、中等发育期、较发育区和不发育区(图2-13)。

1. 断裂发育特征

研究区内正断层、逆断层和平移断层皆有发育。一般说来,南北向断层多为挤压性断层,东西向断层多为压扭性断层,北东向和北西向断层多为压性或压扭性断层,北北东向断层多为扭性断层。但由于构造运动的多期改造,各走向的断层的性质又表现出多样性,所以许多断裂具有长期的继承性活动。早期形成的断裂,由于后期区域应力的调整,导致断裂发生扭动。一期构造运动,并不只是形成一个方向的断裂系统,如雪峰运动,形成的断裂构造有北东向、南北向和北西向。同样,对某一方向的断裂,也可能不是一次构造运动形成的,而是多期构造运动叠加后的结果。如沿河幅的三阳枢组断层,产生于雪峰期,后又经过多次复活而成为区域性大断裂。

2. 断裂期次分析

贵州省的断裂发育虽然复杂,但整体来看,该区断裂发育具有明显的阶段性。从

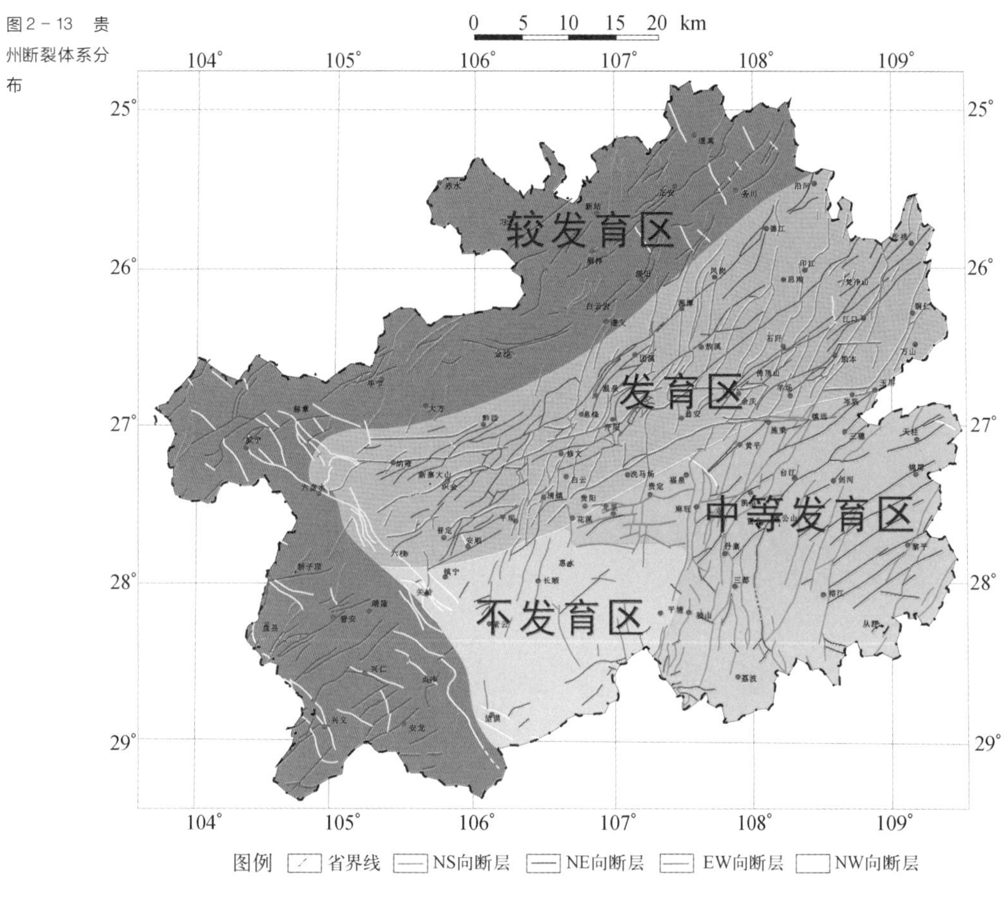

图2－13 贵州断裂体系分布

整体上看，对贵州省断裂构造影响较大的几期构造运动分别为武陵运动、雪峰运动、广西运动和燕山运动。武陵运动和雪峰运动产生的断裂多为基底断裂，加里东末期的广西运动对该区断裂影响较大。燕山运动奠定了现今所见地质构造和地貌发育的基础。

按照断裂走向的差异，断裂体系可划分为南北向、东西向、北西向、北东向、北北东向五组，每组断裂体系的主要形成期各不相同。

南北向断裂体系连续性差，分布较局限，主要分布在贵州省中部，沿正安-湄潭-瓮安-麻旺-平塘一线附近分布，另外在梵净山周围也有南北向断裂零星分布（图2－14）。断裂主要发育期是武陵运动-雪峰运动时期。

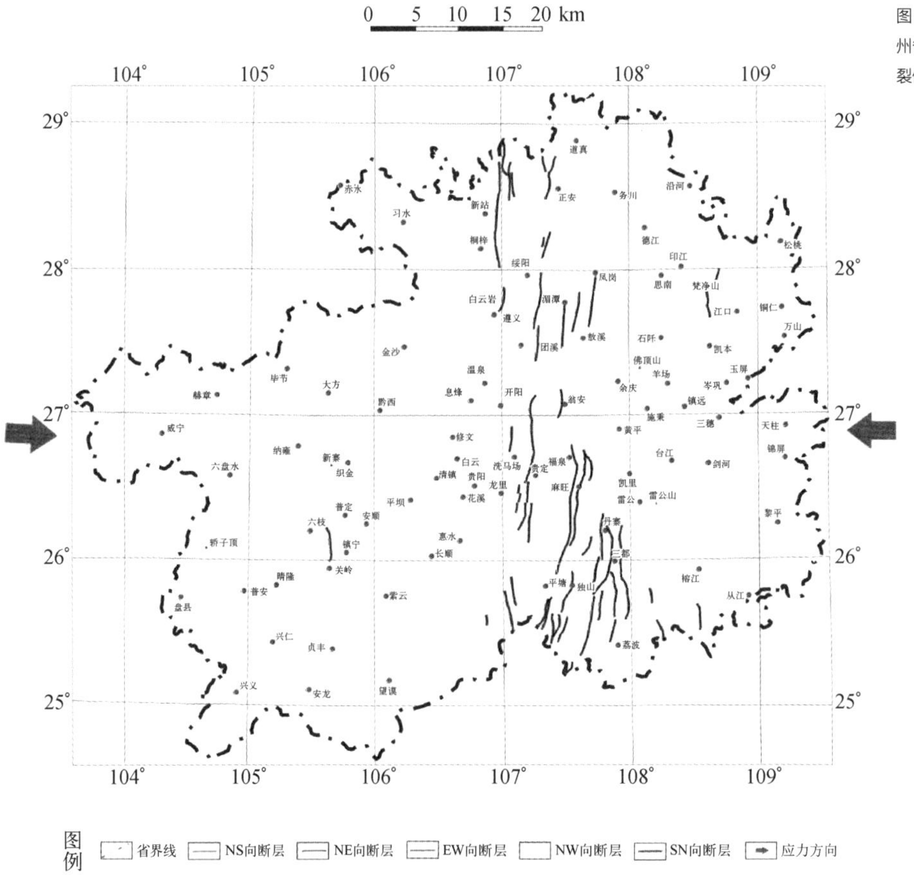

图例 省界线 NS向断层 NE向断层 EW向断层 NW向断层 SN向断层 应力方向

图2－14 贵州省南北向断裂体系

东西向断裂体系在全区分布较局限，沿镇远-施秉-织金一线分布于贵州省中部（图2－15），形成于都匀运动时期，但表现为切割后期形成的断裂，这说明其在燕山期甚至在喜山期仍有活动。

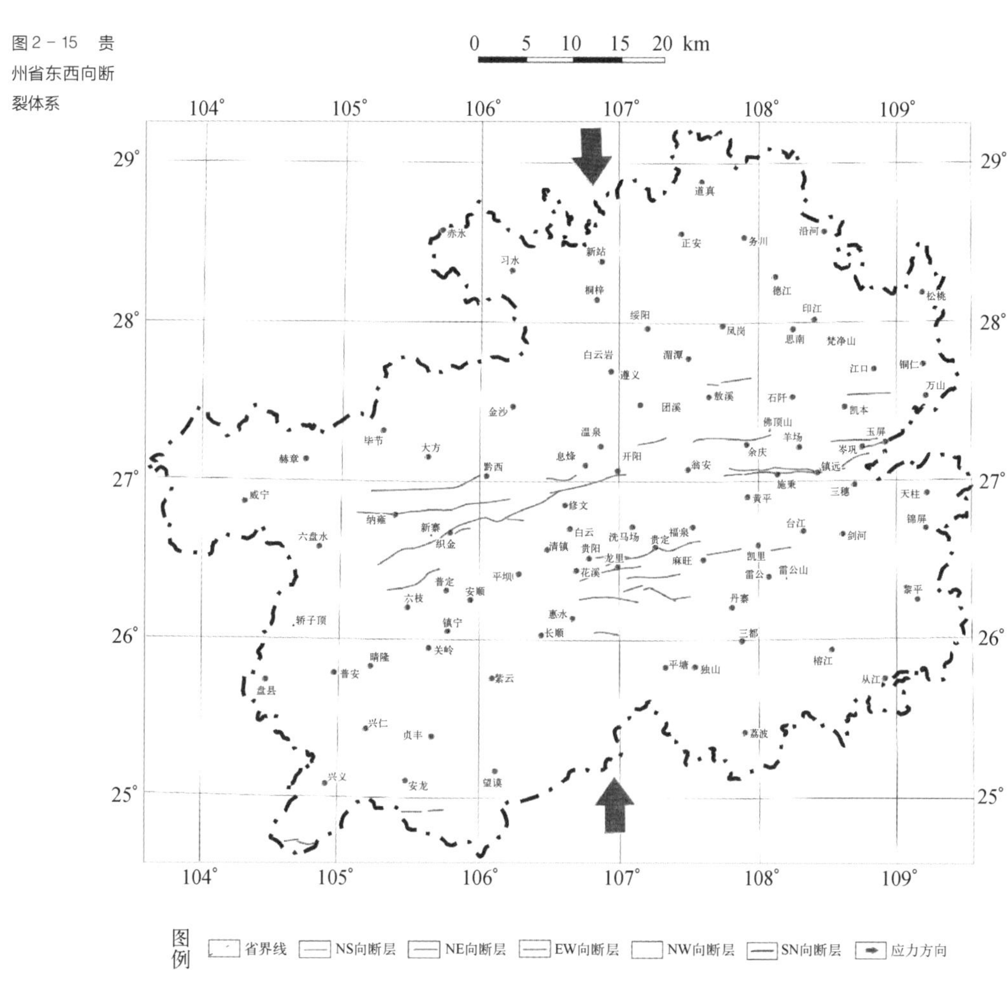

图2－15 贵州省东西向断裂体系

北西向断裂体系主要分布于贵州省的西南部赫章-紫云断裂带附近，在北部亦有零星分布（图2－16），断裂主要形成期是在志留纪末的广西运动。

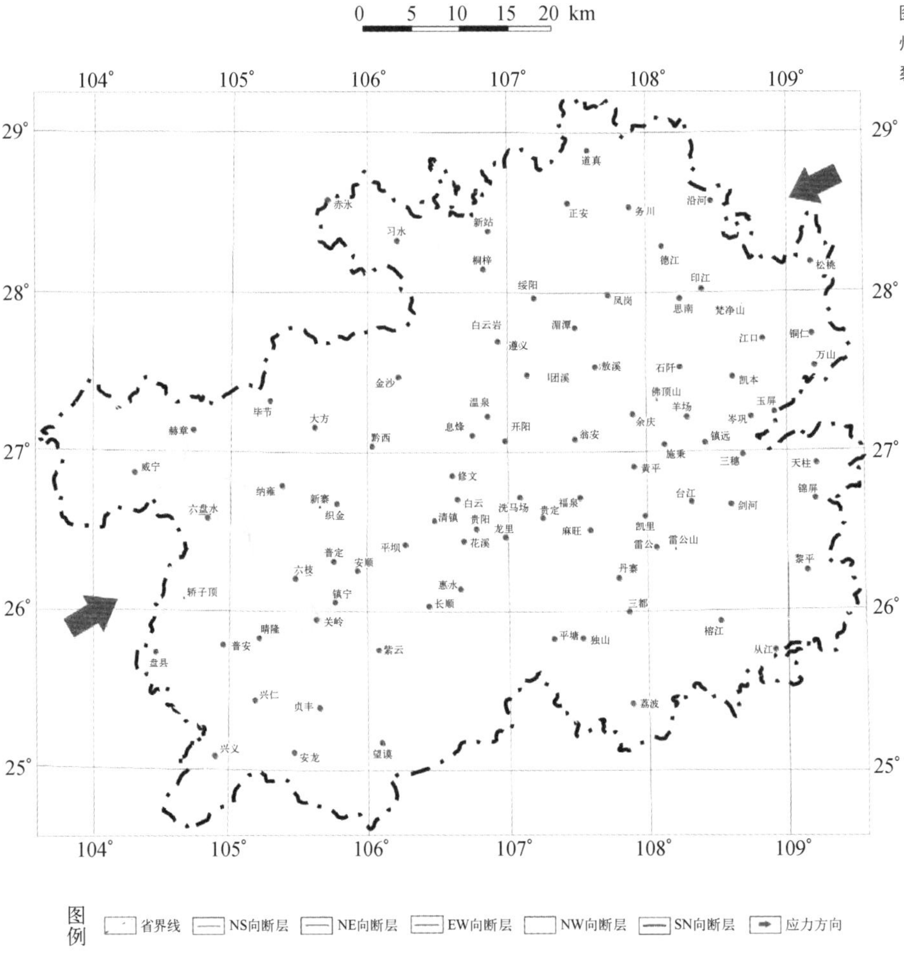

图2－16　贵州省北西向断裂体系

图例　省界线　NS向断层　NE向断层　EW向断层　NW向断层　SN向断层　应力方向

北北东向断裂体系较发育，分布比较广泛，主要分布在东部和中部地区，西南有零星分布（图 2－17），断裂主要形成期是燕山运动时期。

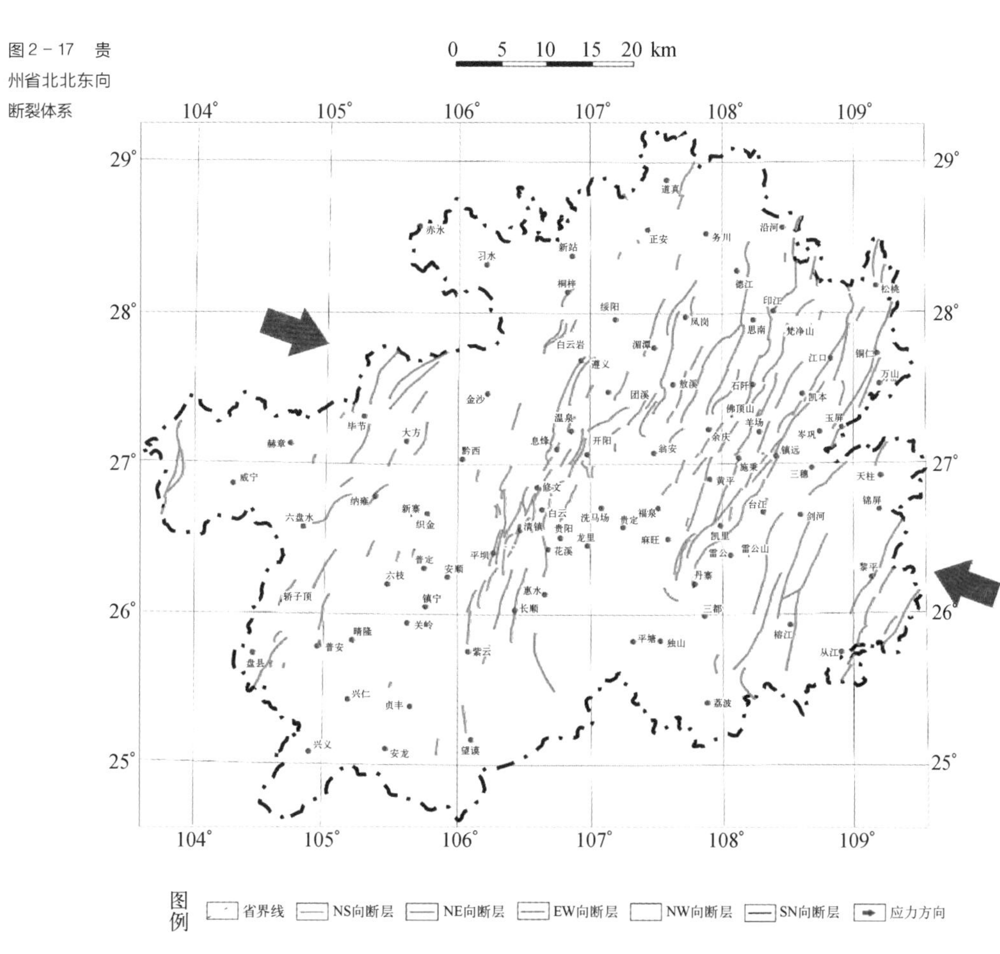

图 2－17 贵州省北北东向断裂体系

北东向断裂体系最发育(图 2－18),分布最广、为多期次形成的复杂断裂系统。主要包括都匀运动、广西运动和燕山运动。但不同断裂的主形成期的确定则比较困难。

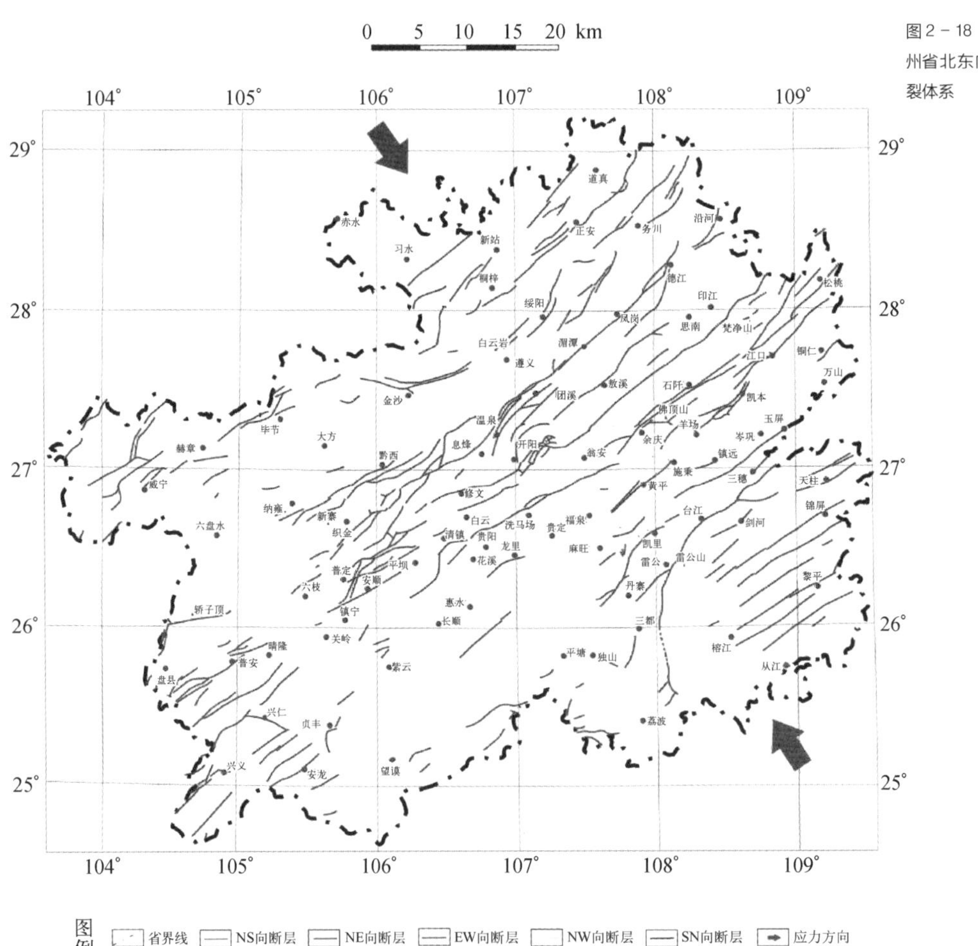

图2－18 贵州省北东向断裂体系

2.2.3 褶皱和断裂对页岩发育与分布的影响

黔西北地区构造主要表现为：① 地势整体呈现西北高、东南低。② 向斜轴部多保存有三叠系；背斜核部常由寒武系组成，奥陶系、志留系和二叠系等均沿褶皱翼部呈环形分布。③ 由于岩性的差异、构造条件的不同和后期风化剥蚀作用的改造，常出现向斜的地势高、背斜的地势低洼的景观，即"向斜成山、背斜成谷"。④ 广泛发育隔槽式褶皱，向斜狭窄紧闭呈紧密槽状，背斜宽阔舒缓呈箱状。也可见到隔挡式褶皱。⑤ 与背斜构造带相伴生的断层发育普遍，地层的展布沿断裂带走向分布，表现出断层的发育对地层的分布控制作用明显（图 2－19）。

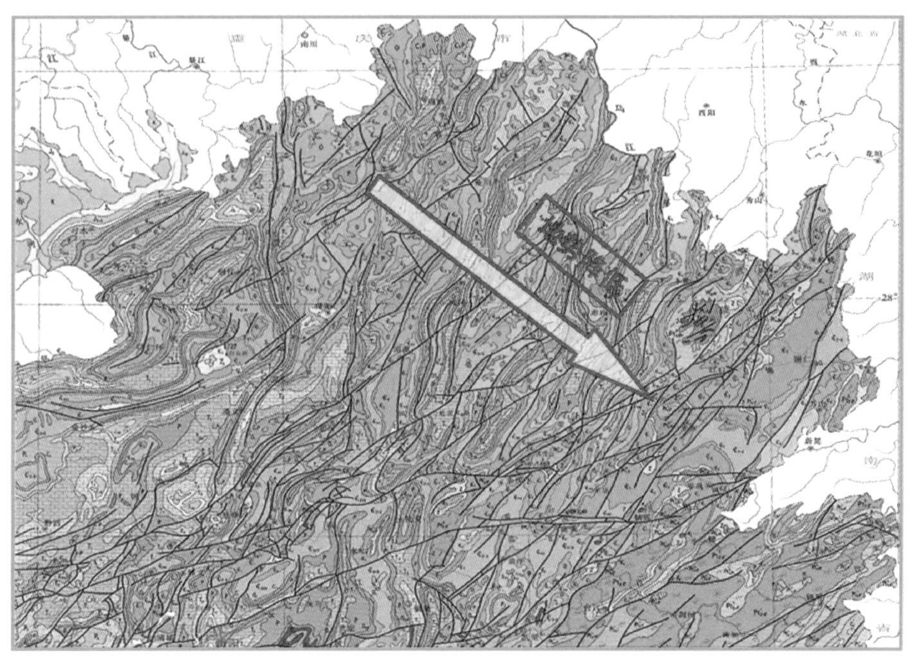

图 2－19 贵州省褶皱和断裂对页岩发育与分布的控制作用

2.2.4 黑色页岩埋深与分布特征

黔北地区下寒武统牛蹄塘组黑色页岩埋深整体由东南向西北增加，最大埋深为 6 800 m（图 2－20）。埋藏深度受褶皱分布限制明显：向斜区多出露三叠系地层，同时向斜区地层倾角较大，所以埋深大；相反，在背斜区，埋深小。剥蚀区多分布在研究区的东部，大致沿梵净山西缘－石阡－瓮安一线的以东分布，在西部有零星剥蚀区。

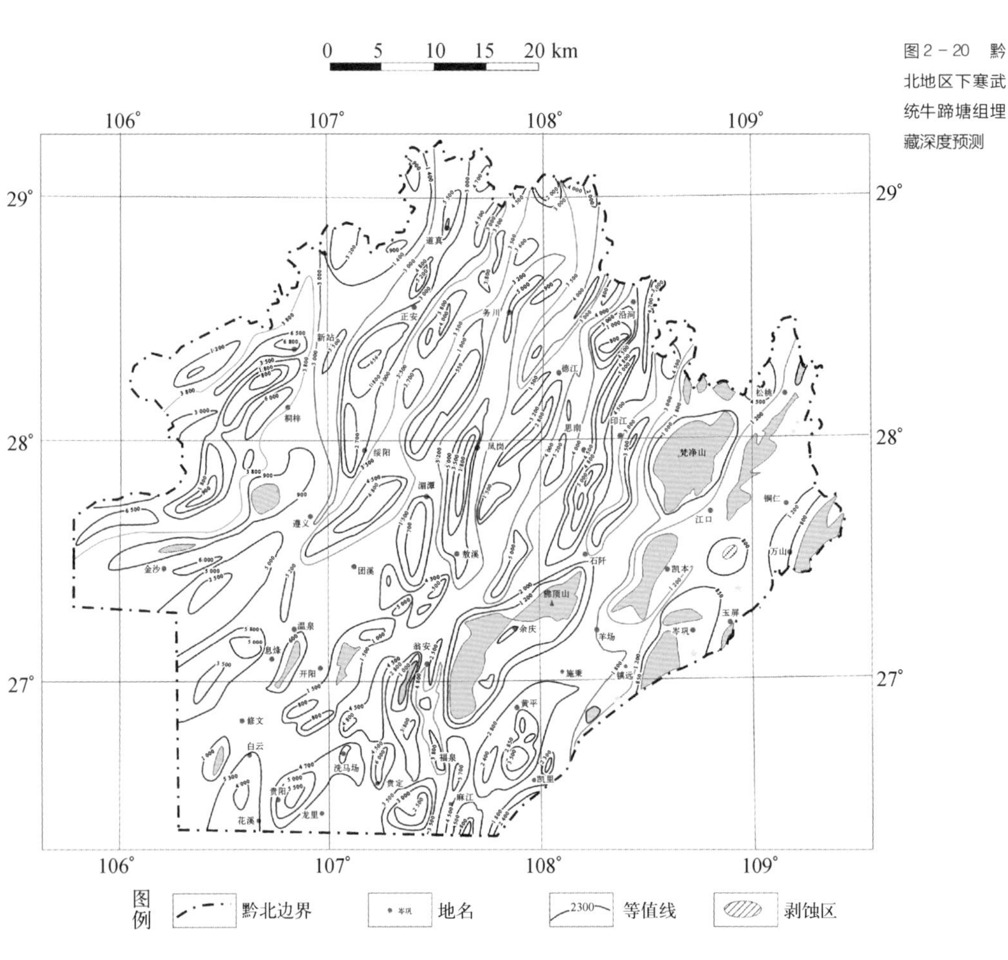

图 2－20 黔北地区下寒武统牛蹄塘组埋藏深度预测

上奥陶统五峰组-下志留统龙马溪组地层的埋藏深度变化受褶皱分布的影响，背斜埋深大、向斜埋深小。黔北地区上奥陶统五峰组-下志留统龙马溪组地层剥蚀严重，研究区东部、中部、西部均有大面积的连续剥蚀区，上奥陶统五峰组-下志留统龙马溪组地层在剥蚀区之间的向斜区分布（图 2－21）。

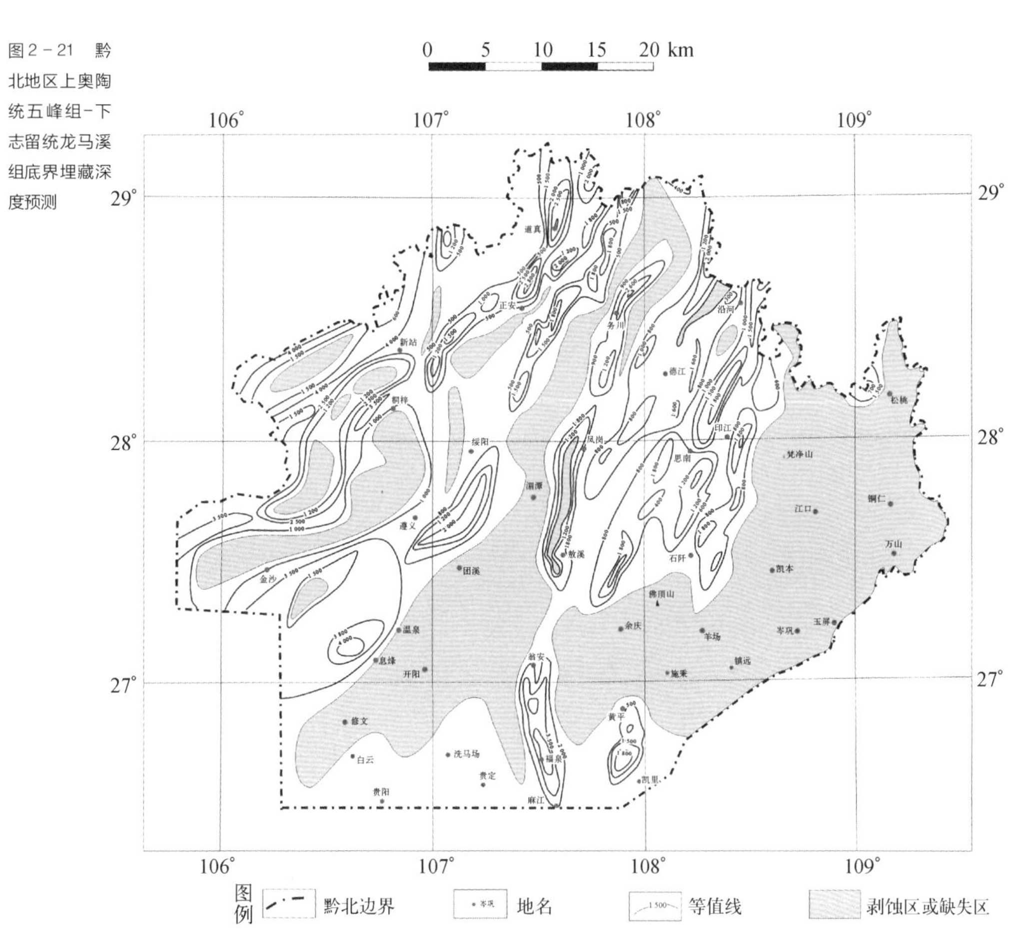

图 2－21 黔北地区上奥陶统五峰组-下志留统龙马溪组底界埋藏深度预测

第3章 页岩力学性质

3.1 岩石力学性质与实验分析

岩石是构成地壳的基本材料,是经过地质作用而天然形成的一种或多种矿物集合体。岩石力学是以岩石为基本研究对象,主要研究岩石在各种力场作用下变形与破坏规律的理论及其实际应用的新兴研究方面。当前,岩石力学主要研究岩石在载荷作用下的应力、应变和破坏规律以及工程稳定性等问题。

岩石力学贯穿页岩气勘探开发的全过程,如在地质勘探方面涉及天然裂缝的形成、扩展、演化与分布规律;钻井过程中涉及岩石的破碎、井眼轨迹控制、井壁稳定性以及井身结构的优化设计;完井工程中涉及完井管柱的优化设计、完井方式的优选及完井优化设计、射孔优化设计;固井工程中涉及套管完整性预测和套管挤毁机理分析;油田增产措施中涉及水力压裂裂缝的形成、扩展以及缝高、缝宽的优化设计;在油田开发过程中涉及储集层裂缝、孔隙随地层压力的动态变化规律及其对流体流动的影响,以及低孔低渗、特低孔特低渗储集层的开发和利用等。

近年来,随着页岩气勘探开发工作的不断深入,岩石力学在此领域的应用受到了越来越多的重视。岩石力学研究首先要进行以下基本内容的研究:

(1) 岩石的地质特征,包括岩石的物质组成和结构特征;

(2) 岩石的基本物理性质,包括岩石的密度、孔隙性、水理性及热理性等;

(3) 岩石的基本力学性质,包括岩石在各种力学作用下的变形特征和强度特征以及力学指标参数的测试、影响岩石力学性质的主要因素、岩石的变形破坏机理及其破坏判据等。

3.1.1 岩石破裂方式与准则

岩石的力学性质包括岩石的变形特征和强度特征。岩石的变形是指岩石在任何物理因素作用下产生的形状和大小的变化,最常研究的是由于力的影响所产生的变形,按照岩石的应力-应变-时间关系,可将其力学属性分为弹性变形、塑性变形和黏性变形。

岩石的强度是指岩石在各种荷载作用下达到破坏时所能承受的最大应力。岩块在外荷载作用下，首先产生变形，随着荷载的不断增加，变形也不断增加，当荷载达到或超过其强度时，将导致岩块破坏。

岩石的破坏通常可分为脆性破坏与韧性破坏，前者是指变形很小就出现的破裂，后者是指达到相当程度的变形最后导致破裂。岩石之所以能产生脆性或韧性破坏，除了受到应力状态影响外，还受到温度、应变率等因素的控制，但目前大多数岩石破裂准则仅仅认为与应力或应变状态有关。

1. 岩石的变形特征

岩石的变形特征是岩石力学研究的一个重要方面，包括岩石的弹性变形、塑性变形、黏性流动和破坏规律，岩石的变形与应力和时间有关，通常可通过岩石变形试验得到的应力-应变-时间关系及岩石变形模量、泊松比等参数来进行研究。

弹性是指在一定的应力范围内，物体受外力作用产生变形，而去除外力后能够立即恢复其原有的形状和尺寸大小的性质。产生的变形称为弹性变形，具有弹性性质的物体称为弹性体。

塑性是指物体受力后产生变形，在外力去除后不能完全恢复原状的性质。不能恢复的那部分变形称为塑性变形，或称永久变形、残余变形。在外力作用下只发生塑性变形，或在一定的应力范围内只发生塑性变形的物体，称为塑性体，物体受应力达到屈服极限时便开始产生塑性变形，即使应力不再增加，变形仍不断增长。

黏性是指物体受力后变形不能在瞬时完成，且应变速率随应力增加而不断增加的性质。

岩石的力学属性很复杂，一方面是因为它是矿物的集合体，具有复杂的组成成分和结构；另一方面还和它的受力条件，如荷载的大小及其组合情况、加载方式与速率及应力路径等密切相关。例如，在常温常压下，岩石既不是理想的弹性材料，也不是简单的塑性和黏性材料，而往往表现出弹-塑性、塑-弹性、弹-黏-塑或黏-弹性等性质。此外，岩体所赋存的环境条件，如温度、地下水与天然应力对其力学属性的影响也很大。

米勒（Miller，1965）对28种岩石进行了试验分析，将岩石破裂前应力-轴向应变曲线划分为6类（图3-1）。

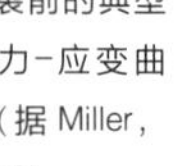

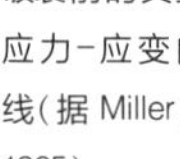

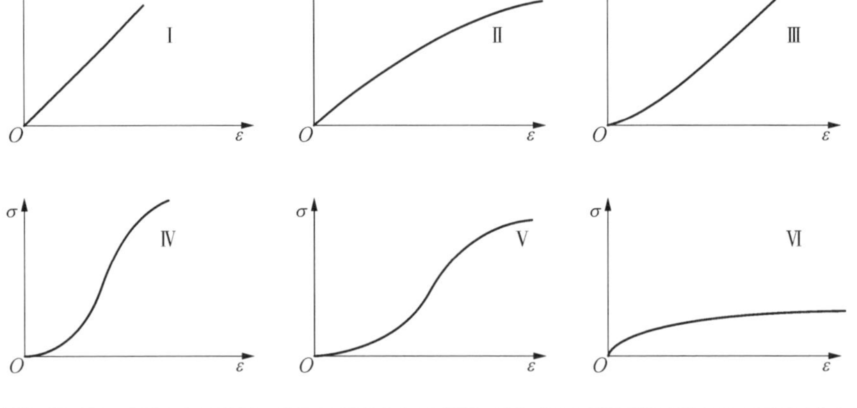

图3-1 岩块破裂前的典型应力-应变曲线(据 Miller,1965)

其中类型I表现为近似于线性关系的变形特征,以弹性变形为主,由于塑性阶段不明显,这些岩石被称为弹性岩石。主要为致密坚硬的岩石,如玄武岩、石英岩、辉绿岩等。

类型Ⅱ在应力较低时,应力-应变曲线为直线,当应力增加到一定程度时曲线向下弯曲,随着应力逐渐增加曲线斜率也逐渐减小,直至破坏。由于这些岩石在低应力时表现出弹性,这说明其具有高致密性;在高应力时表现出塑性,即说明岩石坚硬度较低,所以被称为弹-塑性岩石。主要为致密而岩性较软的岩石,如石灰岩、砂砾岩和凝灰岩等。

类型Ⅲ在应力较低时,应力-应变曲线为上凹型,在应力增加较小时应变变化较大,说明岩石内部的孔隙度较高;当应力增加到一定程度后逐渐变为直线,说明岩石较坚硬。由于这些岩石在低应力时表现出塑性,高应力时表现出弹性,所以被称为塑-弹性岩石。代表性岩石为花岗岩、砂岩及平行片理加载的片岩等具孔隙和微裂隙的坚硬岩石。

类型Ⅳ在应力较低时,应力-应变曲线向上弯曲,说明具有一定的孔隙度,当应力增加到一定程度后成为直线,说明具有一定的硬度,最后曲线向下弯曲,说明硬度不太高,为中部很陡的“S”形曲线。由于这些岩石低应力时表现出塑性,中间应力时表现出弹性,高应力时又表现出塑性,因此被称为塑-弹-塑性岩石。代表性岩石为大理岩、片麻岩等较坚硬致密的岩石。

类型Ⅴ的应力-应变曲线与类型Ⅳ基本相同，是中部较缓的“S”形曲线，说明岩石的孔隙度比Ⅳ型高，坚硬程度比Ⅳ型低，代表性岩石为某些压缩性较高的岩石，如垂直片理加载的片岩等。

类型Ⅵ的应力-应变曲线开始为较短的直线段，随后出现不断增长的塑性变形和蠕变变形，是盐岩、泥岩等软弱岩石的特征曲线。

以上曲线中类型Ⅲ、Ⅳ、Ⅴ具有某些共性，如开始部分由于具有一定的孔隙度均为一上凹形曲线；当岩块微裂隙、片理、微层理等压密闭合后，即出现一直线段；当试件临近破坏时，则逐渐呈现出不同程度的屈服段。

2. 影响岩石变形特征的因素

岩石在受力发生变形时，除了岩石本身的矿物组成、结构、构造之外，还有多种外界因素可以对岩石的变形特征产生影响，如围压、温度、孔隙与孔隙压力、应变率等。

(1) 围压

岩石在常温常压下一般产生脆性破坏，但深埋地下的岩石却表现为明显的韧性，岩石这一性质的变化是由于所处物理环境的改变造成的。实验结果表明，随着围压的增加，岩石逐渐从脆性转化为韧性，且岩石的应变也与围压成正比，但不同类型的岩石脆性转化为韧性的围压值是各不相同的。

(2) 温度

地壳中随着深度的增加，地下温度逐渐升高，地温梯度一般约 20 ~ 30℃/km，因此这会使地下岩石力学性质与常温常压下相比有明显区别。实验表明，岩石在一定围压下，随着温度的升高，其压缩强度和拉伸强度都发生降低，岩石从脆性向韧性转化，其影响程度因岩石种类及受力状态而不同。

(3) 孔隙与孔隙压力

实验表明，随着岩石中孔隙度增加，岩石的抗压和抗拉强度均下降，而韧性随之提高。岩石强度下降的原因主要有：① 孔隙边界造成应力集中；② 孔隙度增加使得岩石承载面积相应减小；③ 孔隙中水或其他液体的存在使颗粒间表面自由度降低。

在一定围压下，随着孔隙压力的增大，岩石强度和韧性都随之降低，逐渐转化为脆性。

(4) 应变率

应变率是指应变的变化速率,即单位时间内的应变变化量。通常情况下,随着应变率的减小,岩石的抗压强度随之减小,如图 3-2 所示。

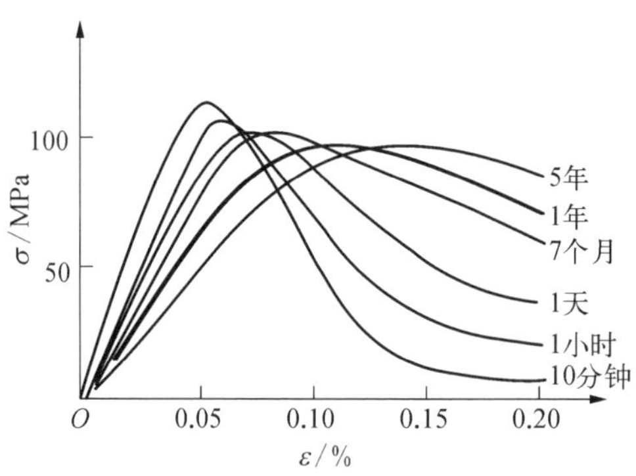

图3-2　不同应变率条件下砂岩的应力-应变关系曲线

3. 岩石的破坏性质

岩石在各种荷载作用下达到破坏时所能承受的最大应力称为岩石的强度。例如,在单轴压缩荷载作用下所能承受的最大压应力称为单轴抗压强度,或非限制性抗压强度;在单轴拉伸荷载作用下所能承受的最大拉应力称为单轴抗拉强度;在纯剪应力作用下所能承受的最大剪应力称为非限制性剪切强度,等等。

根据大量的试验和观察证明,岩石的破坏常常表现为下列三种形式。

(1) 脆性破坏

岩石在破坏前不存在任何不可逆的变形,这种破坏称为脆性破坏,大多数坚硬岩石在一定的条件下都表现出脆性破坏的性质。即这些岩石在荷载作用下没有明显的变形就突然破坏。产生这种破坏的原因可能是岩石中裂隙的发生和发展。例如,在地下洞室开挖后,由于洞室周围的应力显著增大,洞室围岩可能产生许多裂隙,尤其是洞室顶部的张裂隙,这些都是导致脆性破坏发生的原因。

(2) 塑性破坏

在两向或三向受力情况下,岩石在破坏之前的变形较大,没有明显的破坏荷载,表现出显著的塑性变形、流动或挤出,这种破坏即为塑性破坏。塑性变形是岩石内结晶晶格错位的结果，在一些软弱岩石中这种破坏较为明显。

（3）弱面剪切破坏

由于岩层中存在节理、裂隙、层理、软弱夹层等软弱结构面，岩层的整体性受到破坏，在荷载作用下，这些软弱结构面上的剪应力大于该面上的强度时，岩体就产生沿着弱面的剪切破坏，从而使整个岩体滑动。

根据岩石破坏前应变的百分率，可以将岩石的破坏分为五种类型（图 3－3），概括的说明了上述围压、温度、孔隙压力、中间主应力及应变率条件对岩石破坏形态的影响。在低温、低围压及高应变率条件下，岩石往往表现为脆性破坏；而在高温、高围压及低应变率条件下，岩石则表现为塑性破坏。

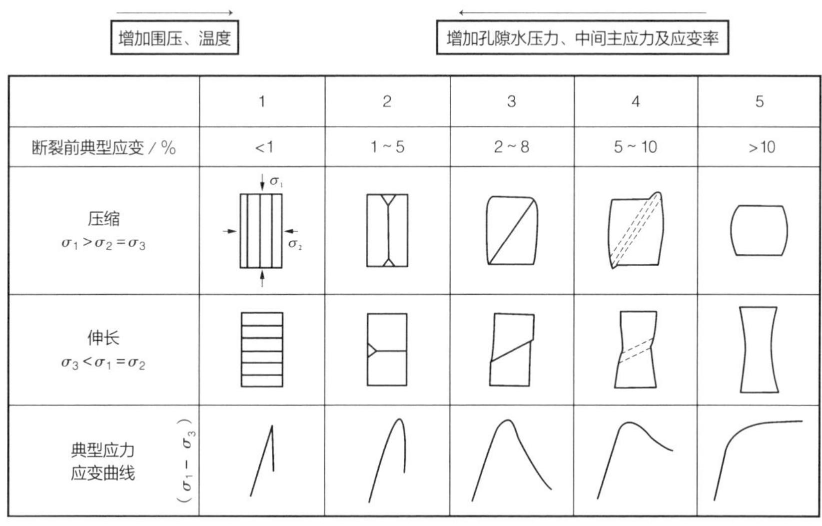

图3－3 从脆性破坏到韧性流动一系列变化示意（据 Griggs，Handin，1960）

第一种类型相当于岩石处于地表或接近地表的情况。在常温常压环境下或稍有围压而应力差值（$\sigma_1 - \sigma_3$）很大时，岩石表现为脆性状态。

第二种类型相当于岩石离地表有一定的深度，其围压与温度较第一种情况稍高，但应变率及孔隙压力仍很高，岩石表现出少量的韧性，破裂以张性为主，边缘可发育局部剪切破裂面。随着韧性增加，破坏前的永久应变增加到 1%～5%。

第三种类型相当于岩石处于地下更深处（约 2～5 km），是油气工程涉及的主要范围。在此范围内围压、温度较之前的更高,其破坏面属于单一剪切面,随着韧性程度的增加,破裂前应变为 2% ~ 8% ,属于脆性向韧性过渡状态。

第四种类型相当于岩石处于地下 10 ~ 20 km 处,围压与温度更高,或应变率很低,或岩石本身具有一定的韧性(如碳酸盐类岩石),其破坏前总应变为 5% ~ 10% ,其上限已处于韧性状态。破坏时剪切破碎带较宽且有一定的相对错动。

第五种类型相当于岩石处于地下更深处,其破坏前总应变大于 10% ,岩石呈现出完全韧性状态。

综合上述五种类型,稍有围压、温度较低或应变率较高的情况下往往产生脆性破裂,其破裂方向平行于最大压应力方向或垂直于最大拉应力方向。随着围压、温度的升高,岩石处于脆性向韧性过渡阶段,往往产生单一剪切破裂面或共轭剪裂面,其破裂面最初方向与最大主应力之间夹角小于 45°,并随着岩石韧性的增大而变大。

4. 岩石的破裂准则

岩石的应力、应变达到一定值时,岩石就会发生破坏,用以表征岩石破坏条件的函数称为破坏判据或强度准则。强度准则的建立应反映岩石的破坏机理。所有这些确定岩石破坏的原因、过程及条件的理论称为强度理论。在岩石力学领域常用的主要有库仑-纳维叶破裂准则、摩尔破裂准则和格里菲斯破裂准则。

(1) 库仑-纳维叶破裂准则

库仑-纳维叶破裂准则(Coulomb-Navier)是目前岩石力学、构造地质和地质力学中最常用、最简单的一种准则,常用来解释地块中两组剪切面的交角,以锐角指向最大压应力方向。

库仑-纳维叶破裂准则认为岩石的破坏主要是剪切破坏,岩石的强度等于岩石本身抗剪切摩擦的黏结力和剪切面上法向力产生的摩擦力。剪切破坏力的一部分用来克服与正应力无关的黏结力,使材料颗粒间脱离联系;另一部分剪切破坏力用来克服与正应力成正比的摩擦力,使面内错动而最终破坏。岩石并不沿着最大剪应力作用面产生破坏,而是沿着其剪应力与正应力达到最不利组合的某一面产生破裂,即

$$|\tau_f| = \tau_0 + f\sigma_0 \tag{3-1}$$

式中 $|\tau_f|$——岩石剪切面的抗剪强度;

τ_0 ——岩石固有剪切强度,它与内聚力 C 相当;

f——岩石内摩擦系数, $f = \tan\varphi$ (φ 为内摩擦角);

σ_0 ——剪切面上的正应力。

若正应力与剪应力满足上述条件,则开始出现剪裂面。

若分别取 σ、τ 为直角坐标系的横纵轴,则式(3-1)为一直线方程,如图3-4所示。当岩石内某点应力状态所绘制的应力圆与该直线相切时,表示剪切破裂处于临界状态。剪裂面的方向可由图3-4中应力圆与抗剪强度直线相切的 D_1、D_1' 确定。

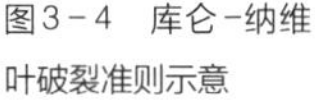
图3-4　库仑-纳维叶破裂准则示意

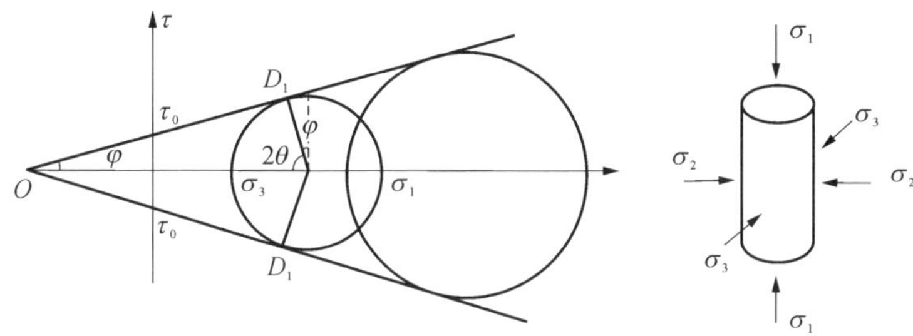

由此可见,剪裂角大小取决于岩石变形时内摩擦角的大小,最大压应力 σ_1 平分两共轭扭裂面所夹的锐角,最小主应力 σ_3 平分共轭扭裂面所夹的钝角。

(2) 摩尔破裂准则

摩尔破裂准则是由摩尔(Mohr)于1900年提出的,该理论假设材料内某一点的破坏主要决定于它的最大主应力和最小主应力,即 σ_1 和 σ_3,而与中间主应力无关,它认为岩石产生破裂是正应力和剪应力的组合作用(受拉破裂、拉剪破裂、压剪破裂)所造成。摩尔破裂准则是以脆性材料(铸铁)的试验数据统计分析为基础,在 $\tau-\sigma$ 关系图上,绘制出一系列的莫尔应力圆(图3-5)。每一莫尔应力圆都反映一种达到破坏极限的应力状态,这种应力圆称为极限应力圆,一系列极限应力圆的包络线叫作莫尔包络线,这根包络线即代表了材料的破坏条件或强度条件,在包络线上的所有点都反映了材料破坏时的剪应力 τ_f 与正应力 σ 之间的关系,即

$$\tau_f = f(\sigma_n) \qquad (3-2)$$

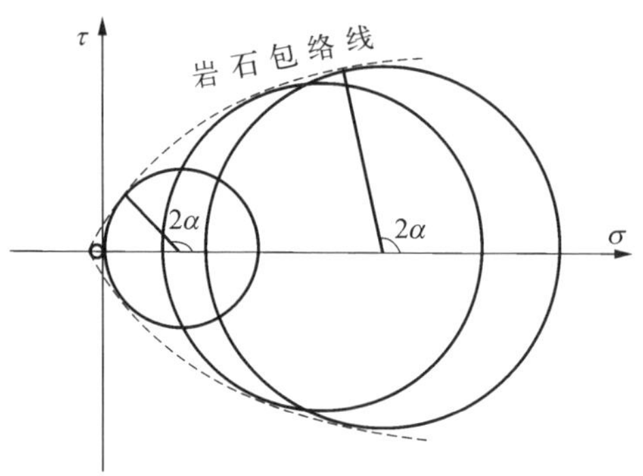

图 3-5 摩尔破裂准则示意

随着不同极限应力圆与包络线相切,其切点半径与 σ 轴正向夹角 2α 亦随之改变,在低围压下 2α 较大,而在高围压下 2α 缩小。这说明在低围压下,最大压应力指向共轭剪切面所夹的锐角;但在高围压下,最大压应力所指向锐角逐渐趋近于 90°,但中间主应力 σ_2 并不影响剪切破裂。

一般而言,岩石包络线在围压较高时为曲线,对于软弱岩石,可以认为是抛物线,对于坚硬岩石可以认为是双曲线或摆线;在围压较低时,可以近似简化为倾斜直线,这样,摩尔破坏准则就与库仑破裂准则相吻合了。

(3) 格里菲斯破裂准则

摩尔破裂准则和库仑-纳维叶破裂准则都是在岩石力学实验基础上总结出的宏观理论公式,但它不能对引起破坏的机制作出令人信服的物理学解释。格里菲斯(Grifith)在脆性介质(玻璃)的强度实验中发现,所得的实际强度远远小于根据理论计算出的材料强度,相差可达三个数量级。他认为造成这种差别的原因是由于介质内部存在大量随机分布的微裂隙,当载荷达到一定值时,在其中最有利于破裂的裂隙末端附近会产生应力集中现象,当裂隙端部的拉应力大于或等于该点抗拉强度时,裂隙就开始扩展、联结,最后导致材料的破坏。于是他从基本物理性质角度出发建立了一种脆性破坏准则——格里菲斯破裂准则。

需要指出的是格里菲斯准则只适用于抗压强度等于 8 倍抗拉强度的介质,但在室温常压下岩石的抗压强度远大于抗拉强度,为此,麦克林托克和华西(Mclintek &

Walsh,1962)又假定微裂隙在受压方向上的闭合,将产生一定的摩擦力而影响微裂隙的扩展,从而提出修正的平面格里菲斯破裂准则。

虽然格里菲斯准则及其修正的准则初步描述了关于破裂过程的真实物理模式,但它们与岩石力学实验观测到的结果仍明显不一致,理论计算的单轴抗压强度与抗张强度之比都过低,预计的莫尔包络线斜率与实际的斜率不严格一致。

最后应该指出,在岩石破裂机理方面,特别是地壳中岩体的破裂准则及破裂发展规律等尚需进一步探讨和研究。但上述理论仍可作为现阶段解决构造地质、地质力学以及石油地质问题不可缺少的依据。

3.1.2 岩石力学参数

任何固体在外力作用下都要发生形变,当外力的作用停止时,形变随之消失,这种形变叫弹性形变。岩石的杨氏弹性模量(E)和泊松比(v)是描述岩石弹性形变、衡量岩石抵抗变形能力和程度的主要参数。根据岩样在施加载荷条件下的应力-应变关系,可以确定岩石的弹性模量和泊松比。

设长为 L、截面积为 A 的岩石,在纵向上受到力 F 作用时伸长或压缩 ΔL,则纵向张应力(F/A)与张应变($\Delta L/L$)之比值即为杨氏模量(E),即

$$E = \frac{F/A}{\Delta L/L} \tag{3-3}$$

杨氏模量的大小代表了岩石的刚性程度,杨氏模量越大,越不容易发生形变。

泊松比(v)又称横向压缩系数,表示为横向相对压缩与纵向相对伸长之比,是反映材料横向变形的弹性常数。

设长为 L、直径为 d 的圆柱形岩石,在受到压缩时,其长度缩短 ΔL,直径增加 Δd,则泊松比(v)表示为

$$v = \frac{\Delta d/d}{\Delta L/L} \tag{3-4}$$

软木塞的泊松比约为0;钢材的泊松比约为0.25;水由于不可压缩,泊松比为0.5。

试验研究表明，岩块的变形模量与泊松比常具有各向异性。当垂直于层理、片理等微结构面方向加载时，变形模量最小，而平行微结构面加载时，其变形模量最大。两者的比值，沉积岩一般为 1.08 ~ 2.05；变质岩为 2.0 左右。

3.1.3 岩石力学实验测试

1. 岩石的应力-应变曲线

研究岩石力学性质最普遍的方法是在试验机上对长度为直径的 2 ~ 3 倍的圆柱形岩样进行轴向压缩试验，称为单轴压缩试验。进行岩石强度试验所选用的试件必须是完整岩块，而不应包含节理裂隙。将试验测得的应力和应变作图，就得到应力-应变曲线。在刚性试验机上得到的典型的岩石全应力-应变曲线如图 3 - 6 所示。

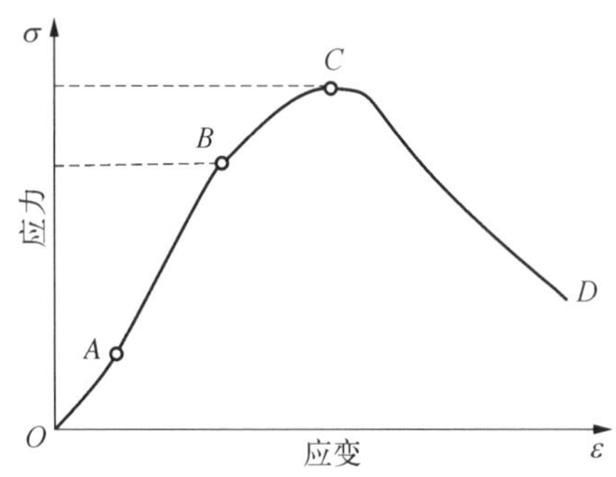

图 3 - 6 岩石典型的全应力-应变曲线

OA 段，曲线稍向上凹，这反映岩石试件内部裂隙逐渐被压密，随着岩石内裂隙被压密进入 *AB* 段。

AB 段，它的斜率为常数或接近于常数。其斜率定义为岩石的杨氏弹性模量 E。随着荷载的继续增大，变形和荷载呈非线性关系，裂隙进入不稳定发展状态，这是破坏的先行阶段，即 *BC* 段。

BC 段，这一段应力-应变曲线的斜率随着应力的增加逐渐地减小到零，曲线向下凹，在岩石中引起不可逆的变化。发生弹性到延性行为过渡的点 B，通常称为屈服点，

而相应的应力,称为屈服应力。最高点 C 的应力称为强度极限。

CD 段,曲线下降,这是由于裂隙发生了不稳定传播,新的裂隙分叉发展,使岩石开始解体。CD 段以脆性形态为其特征,点 C 以前的阶段,可以称为破坏前阶段,这一段的力学表现大体来说,由一般试验机与刚性试验机试验所得到的结果,基本无区别。但一般试验机得不出 CD 段过程,所以认为岩石在点 C 发生了破坏。实际上岩石破坏是个渐进过程,不是突如其来的过程,并且在应力超过峰值以后仍然具有一定的承载能力。

2. 影响岩石破坏强度的主要因素

试验得到的各种强度都不是岩石的固有性质,而是一种指标值。大量试验证明,影响岩石破坏强度的因素很多,一方面是岩石本身的因素,如矿物成分、颗粒大小、颗粒联结及胶结情况、块体密度、层理和裂隙的特性及方向、风化程度、含水情况等。一般来说,结晶岩石比非结晶岩石强度高;细粒结晶的岩石比粗粒结晶的岩石强度高;泥质胶结的岩石强度最低,石灰质胶结的岩石强度较低,而硅质胶结的岩石具有很高的强度;含水岩石的强度要低于干燥岩石;未风化的岩石要高于风化后的岩石。

另一方面是试验方法,如试件大小、尺寸、相对比例、形状、试件加工情况和加荷速率等。一般而言,圆柱形试件的岩石破坏强度高于棱柱形试件的强度,这种影响称为"形状效应";岩石试件的尺寸愈大,则强度愈低;反之愈高,这一现象称为"尺寸效应"。加载速率增加,其抗压强度也就增大。圆柱体试件长度与直径之比(L/D)对试验结果有很大影响,ISRM(国际岩石力学学会)建议进行岩石单轴抗压强度试验时所使用的试件长度(L)与直径(D)之比为 2.5 ~ 3。在进行压缩试验时,试件的端部效应也必须予以注意,铁板与试件端面之间存在摩擦力,因此在试件端部存在剪应力,并阻止试件端部的侧向变形,所以试件端部的应力状态不是非限制性的,也不是均匀的。只有在离开端面一定距离的部位,才会出现均匀应力状态。

3. 岩石抗压强度的测试

岩石的抗压强度就是岩石试件在单轴压力下达到破坏的极限值,它在数值上等于破坏时的最大压应力。岩石的抗压强度一般在实验室内用压力机进行加压试验测定。

试件通常用圆柱形或立方柱状。试件的断面尺寸:圆柱形试件采用直径 $D=5$ cm,也有采用 $D=7$ cm 的;立方柱状试件,采用 5 cm × 5 cm 或 7 cm × 7 cm。

试验结果按下式计算抗压强度:

$$R_c = \frac{p}{A} \tag{3-5}$$

式中　R_c——岩石单轴抗压强度，MPa；

p——试件破坏时的荷载，MN；

A——试件的横断面面积，m^2。

4. 岩石抗拉强度的测试

岩石的抗拉强度是指岩石试件在单向拉伸条件下试件达到破坏的极限值，它在数值上等于破坏时的最大拉应力。岩石的抗拉强度比抗压强度要小得多，由于直接进行抗拉强度的试验比较困难，目前大多是进行各种各样的间接试验，再通过理论公式算出抗拉强度。

目前常用混凝土试验中的劈裂法测定岩石的抗拉强度。试件的形状用得最多的是圆柱体。试验时沿着圆柱体的直径方向施加集中荷载[图 3-7(a)]，这样试件受力后就有可能沿着受力的直径裂开。

根据弹性力学公式，这时沿着垂直向直径产生几乎均匀的水平向的拉应力，这些应力的平均值为

$$\sigma_x = \frac{2p_c}{\pi Dl} \tag{3-6}$$

式中　p_c——作用荷载；

D——圆柱形试件的直径；

l——圆柱形试件的长度。

在水平向直径平面内，产生最大的压应力为(在圆柱形的中心处)

$$\sigma_y = \frac{6p_c}{\pi Dl} \tag{3-7}$$

这两个直径内的应力分布如图 3-7(b)所示，圆柱形试件的压应力只有拉应力的 3 倍，但岩石的抗压强度往往是抗拉强度的 10 倍。这就说明岩石试件在这种条件下总是受拉破坏而不是受压破坏的。因此，可利用劈裂法来求岩石的抗拉强度，这时只需在式(3-7)中用破裂时的最大荷载代替其中的 p_c，即得岩石的抗拉强度

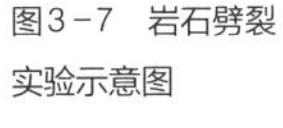
图3-7 岩石劈裂实验示意图

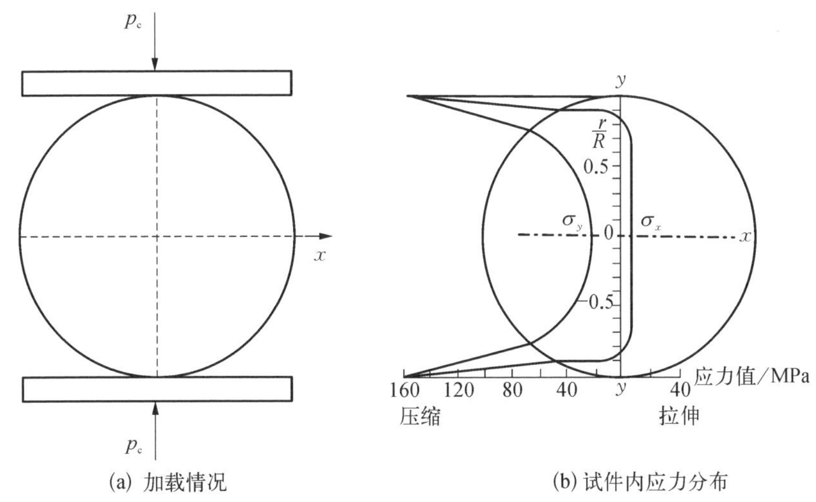

$$R_t = \frac{2p_{max}}{\pi Dl} \tag{3-8}$$

式中，p_{max}为破裂时的最大荷载。

这个方法简便易行，不需特殊设备，只要有普通的压力机就可进行试验。因此，该法在生产实践中已经获得了广泛的应用。

5. 岩石抗剪强度的测试

岩石的抗剪强度就是岩石抵抗剪切破坏的能力，是岩石力学需要研究的岩石的重要特征之一。根据莫尔-库仑强度理论，岩石的抗剪强度可用内聚力 C 和内摩擦角 φ 来表示，它们可以通过室内外的剪切试验确定。

内聚力是指由分子引力引起的物体中相同组成的各部分倾向于聚合在一起的一种力，又叫黏聚力或凝聚力。对于岩石来说内聚力主要是由于岩石中相邻矿物颗粒表面上的分子相互直接吸引而成。它在宏观上表现为没有正应力作用的剪切面上的抗剪强度，即该剪切面上不存在因内摩擦而造成的抗剪强度。

内摩擦角是岩石破坏时极限平衡剪切面上的正应力和内摩擦力形成的合力与该正应力之间形成的夹角。内摩擦角可以反映岩石内摩擦力的大小，内摩擦角越大，内摩擦力越大,所以它是反映岩石破坏时力学性质的重要指标。内摩擦角越小,岩石的强度越差,例如一般坚硬岩石的内摩擦角比软岩石大。

决定抗剪断(抗剪)强度的方法可分为室内和现场两大类。室内试验常用直接剪切试验和三轴压缩试验测定岩石的抗剪指标。现分述如下。

(1) 直接剪切试验

直接剪切试验采用直接剪切仪来进行。仪器主要由上、下两个刚性匣子所组成,将制备好的岩石试件放入剪切仪的上、下匣之间。一般上匣固定,下匣可以水平移动,上下匣的错动面就是岩石的剪切面。进行这种试验,就可以将试件在所选定的平面内进行剪切。

每次试验时,先在试件上施加垂直荷载 p,然后在水平方向逐渐施加水平剪切力 T,直至达到最大值 $T_{\max}$ 发生破坏为止。剪切面上的正应力 σ 和剪应力 τ 按式(3-9)、式(3-10)计算:

$$\sigma = \frac{p}{A} \tag{3-9}$$

$$\tau = \frac{T}{A} \tag{3-10}$$

式中,A 为试件的剪切面面积。

用相同的试件,不同的正应力(σ'、σ''、$\sigma'''\cdots$)进行多次试验,即可得到对应于不同正应力的岩石的抗剪强度(τ'_f、τ''_f、$\tau'''_f\cdots$),进而可绘制出如图 3-8 所示的 τ_f-σ_n 关系曲线。可见,岩石的抗剪强度随作用在破坏面上的正应力大小而变化,一般来说,

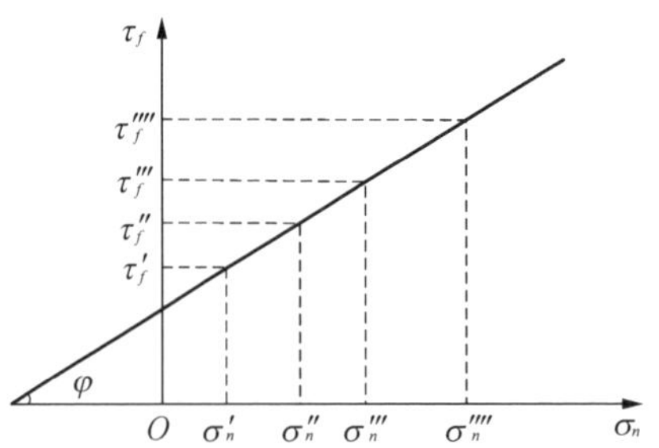

图3-8 抗剪强度 τ_f 与正应力 σ_n 关系曲线

岩石在低应力作用下的抗剪强度较小,而在高应力作用时抗剪强度较大。

试验证明,$\tau_f-\sigma$ 强度线并不是严格的直线,但在正应力不大($\sigma<10$ MPa)时可近似的看作直线,其方程式为

$$\tau_f = C + \sigma \cdot \tan\varphi \tag{3-11}$$

这就是著名的库仑方程式,根据直线在 τ_f轴上的截距可求得岩石的内聚力 C,根据该线与水平方向的夹角,可以确定岩石的内摩擦角。

直接剪切试验的优点是简单方便,不需要特殊的设备,但该方法所用试件的尺寸较小,不易反映岩石中裂缝、层理等软弱面的情况,而且试件受剪切面上的应力分布也不均匀,如果所加水平力偏离剪切面,则还会引起弯矩,误差较大。

(2) 三轴压缩试验

岩石在三向压缩载荷作用下,达到破坏时所能承受的最大压应力称为岩石的三轴抗压强度。与单轴压缩试验相比,试件除受轴向压力外,还受侧向压力。侧向压力限制试件的横向变形,因而三轴试验是限制性抗压强度试验。

三轴压缩试验的加载方式有两种,一种是真三轴加载,试件为立方体,加载方式如图3-9(a)所示。其中 σ_1 为主压应力,侧向压应力 $\sigma_2 \neq \sigma_3$。这种加载方式试验装置繁杂,且六个面均可受到由加压铁板所引起的摩擦力,对试验结果有很大影响,因而实用意义不大。常规的三轴试验是伪三轴试验,试件为圆柱体,加载方式如图3-9(b)所示,侧向压力($\sigma_2 = \sigma_3$)由液压油缸施加。

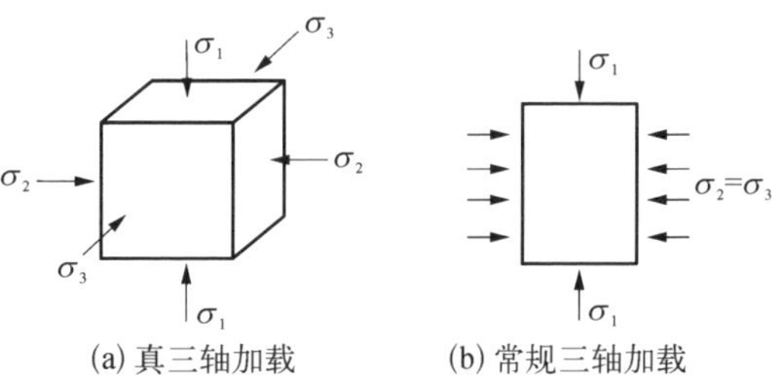

图3-9　三轴实验加载示意

在进行三轴试验时,先对试件施加侧压力,即最小主应力 σ'_3,然后逐渐增加垂直压力,直至破坏,得到破坏时的 σ'_1,从而可得出一个破坏时的应力圆;采用相同的岩

样,改变侧压力 σ''_3,施加垂直压力直至破坏的 σ''_1,从而又得到一个破坏应力圆。重复上述试验可得数个应力圆,绘出这些应力圆的包络线,即可求得岩石的抗剪强度曲线,如图 3-10 所示。曲线绘成后,将它看作是一根近似的直线,可根据该线在纵轴上的截距和该线与水平线的夹角,求得岩石的内聚力 C 和内摩擦角 φ。

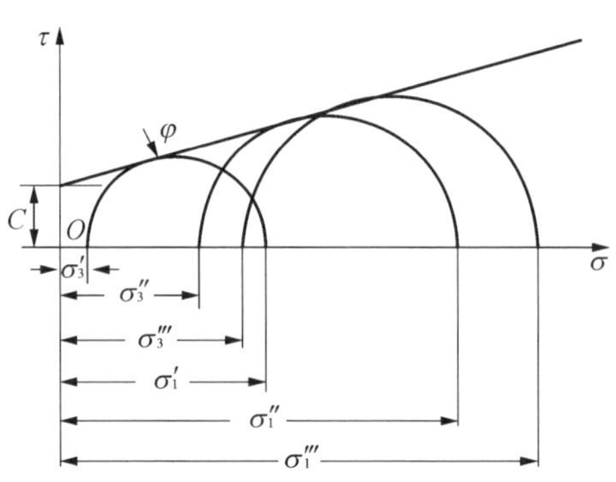

图3-10 三轴剪切实验的剪切强度曲线

与单轴压缩试验一样,三轴试验试件的破裂面与最大主应力 σ_1 方向间的夹角为 $45° - \varphi/2$。

需要指出的是,由于岩体内往往有多组不同方向的不连续面,而且不同方向的不连续面上的抗剪强度也可能不同,因而现场岩体的抗剪强度是各向异性的。岩体中裂隙、剪切破碎带等不连续面的存在,使得岩体的抗剪强度比室内岩块试验的强度要低得多,特别是在平行于这些不连续面的方向内更为显著。当加载荷的方向正交于或近乎正交于潜在破坏面时,抗剪强度即将接近于完整岩块的抗剪强度。当加载荷方向平行或近乎平行于不连续面时,则抗剪强度就决定于这个不连续面上的抗剪能力,抗剪强度要比室内岩块试验的强度低得多。

3.2 测井岩石力学参数计算

岩石力学参数是制定钻井、完井与油气开发方案和施工措施的重要依据,随着石油勘探开发的不断深入,国内外对岩石力学参数获取方法进行了大量的研究,研究成果已应用于石油勘探开发的各个方面。

目前获取岩石力学参数的方法主要有两种,一是在实验室对岩样进行实测,二是用地球物理测井资料求取岩石力学参数。

长期以来,岩石力学参数主要是通过对大量的地层岩心进行三轴弹性参数和强度等的测试取得的。虽然这种方法精度高,但工作量大、投入高,岩心获取困难,在实际应用中受到了较大限制。而测井资料中蕴藏着大量的地层信息,而且测井资料获取容易,因而长期以来人们一直在研究和应用地球物理测井资料的方法求取岩石力学参数。

其中声波测井是利用岩石的声学性质研究钻井地质剖面的一种测井方法,具有基本上不受泥浆矿化度影响、适用条件较广的优点,所获取的资料真实可靠、数据量大且代表性强。研究表明,声波在岩石中的传播速度与岩石的硬度、抗压强度存在着较好的相关关系(Gstalder & Raynal,1966;Manson,1987)。从测井资料分析中也可以看出,声波的传播速度与地层岩性、岩石结构、孔隙度、胶结程度、地质年代及埋藏深度也有密切的关系(张守谦,1981),因而声波在岩石中的传播速度可以较好地反映岩石综合物理性质。

3.2.1 弹性模量与泊松比

声波是物质运动的一种形式,它是由物质的机械运动而产生,并通过质点间的相互作用将振动由近及远地传递而传播。声波测井发射的声波能量较小,作用时间短,岩石不会产生塑性变形,可以近似地看作弹性介质,在声振动作用下能产生弹性形变,所以岩石既能传播质点运动方向与传播方向平行的纵波,又能传播质点运动方向与传播方向垂直的横波。当声波强度在 1 ~ 5 W/cm^2(在几个至十几个大气压下)范围内时,岩体的形变和应力呈线性关系,可以用虎克定律和波动方程来描述。根据弹性波理论,岩石机械物理特性与声波速度的关系可以表示为

$$v_p = \sqrt{\frac{E(1-v)}{\rho(1+v)(1-2v)}} \quad (3-12)$$

$$v_s = \sqrt{\frac{E}{2\rho(1+v)}} \quad (3-13)$$

式中，v_p、v_s分别为纵波和横波速度，m/s；ρ 为岩石体积密度，g/cm^3；v 为泊松比；E 为岩石的弹性模量，MPa。

从上式可得岩石的泊松比、弹性模量、体积模量和剪切模量：

$$v = \frac{\left(\frac{v_p}{v_s}\right)^2 - 2}{\left(\frac{v_p}{v_s}\right)^2 - 1} \quad (3-14)$$

$$E = \frac{\rho v_s^2(3v_p^2 - 4v_s^2)}{v_p^2 - v_s^2} \quad (3-15)$$

若用声波时差表示，则可用

$$v_p = \frac{1}{\Delta t_p} \quad (3-16)$$

$$v_s = \frac{1}{\Delta t_s} \quad (3-17)$$

式中，Δt_p、Δt_s分别为纵、横波时差。

3.2.2 岩石的强度

为了克服岩石力学试验存在的测试费用昂贵和数据量少等缺点，Deer 与 Miller（1966）根据大量室内试验结果建立了砂泥岩的单轴抗压强度与动态杨氏模量的经验公式：

$$\sigma_c = 0.0045E(1 - V_{cl}) + 0.008EV_{cl} \quad (3-18)$$

式中，σ_c为单轴抗压强度，MPa；V_{cl}为砂岩的泥质体积含量，%。

利用测井数据计算岩石的单轴抗拉强度比较困难，但它与单轴抗压强度有着密切的关系，根据实际经验，可近似的采用单轴抗压强度 σ_c的 1/12 作为抗拉强度 σ_t的平均值，即

$$\sigma_t = \frac{1}{12}\sigma_c \tag{3-19}$$

第4章 地应力

地应力是指地下岩石介质各个部分通过接触而相互作用的力，岩石介质内部的这种相互作用力是岩石发生变形和运动的动因，地应力研究的目的就是探究地下物质内部相互作用力的时空变化及其所遵循的规律。

地应力研究涉及地质、水利水电、矿山、冶金、地震、铁路、建筑工程、煤炭和石油等领域，日益受到国内外学术界和工程界的重视，其中石油工业是地应力研究最广泛和最有发展前景的领域。

页岩气勘探开发的工作对象是页岩和流体，许多问题都涉及地应力范畴，地应力在页岩气勘探开发中有着十分重要的作用。首先，地应力是油气运移的动力之一，古地应力场影响和控制着地质历史中油气的运移和聚集；其次，现今地应力影响和控制着油气田在开发过程中油、气、水的动态变化，可为井网的布置、调整及开发方案设计提供科学的背景资料。具体来说，地应力的大小、方向、分布规律及其演化史是页岩气勘探开发中地应力研究的主要内容，而岩石的力学性质、储层的孔隙压力、地层的温度、构造应力、重力及地层剥蚀等是影响油气田应力场状态的主要因素。

由于页岩气勘探开发的尺度要详细到局部的、开发单元的、单井的甚至要到小层，所以只有宏观的、区域的研究是不够的，还必须进行局部的微观应力分布及应力场的状态的研究。同时，页岩气开发是一个动态过程，在开发过程中，对这个动态应力场的研究、分析也是非常重要的。

4.1 地应力及影响因素

4.1.1 基本概念

沉积盆地中的岩层处于三轴应力状态下，所谓"应力状态"是指应力的大小和方向，通常采用三个法向应力来表示岩石单元的应力环境：σ_1、σ_2、σ_3分别代表最大、中间、最小三个主应力，相应用σ_v、σ_H、σ_h分别代表垂向、水平最大、水平最小主应力。按照岩石力学的规定,压应力为正,张应力为负,剪切应力一般不做限定。

地应力是指地壳中的应力,现今地应力是相对古应力而言的,是指地层目前的应力状态。古应力是地质历史时期中某时间的应力状态。目前地应力一般是岩层在地质历史中经过多期变形、破裂后到目前还“剩余”的应力。现今应力场是随时间不断变化的场。

(1) 重力应力(gravity stress):是指由于上覆岩层的重力产生的应力。

(2) 热应力(thermal stress):指由于地层温度发生变化在其内部引起的应力增量。

(3) 孔隙压力(pore stress)和有效应力(effective stress):存在于储层中的地应力,一部分由储层孔隙中的流体承受,称为孔隙压力;另一部分由储层岩石骨架承受,称为有效应力。

(4) 构造应力(tectonic stress):在构造地质学中是指导致构造运动、产生构造变形的应力。在地应力场研究中,通常是指由于构造运动引起的地应力的增量。

(5) 地应力场(ground stress field):指地应力的大小、方向和分布空间。按空间相对大小分为全球应力场、区域应力场、局部应力场;按地质年代分为古应力场和现今应力场;按力学性质分为压性应力场和张性应力场、压扭性应力场、张扭性应力场和扭性应力场;按成因分为重力应力场、构造应力场、热应力场及孔隙压力应力场等。

4.1.2 影响地应力的主要因素

地应力主要由重力应力、构造应力、孔隙压力、热应力等耦合构成,另外,岩石能干性以及地形起伏等也对地应力有一定的影响,不过考虑到油气田开发的深度较大,因此地形因素基本可以忽略。

1. 构造应力对地应力的影响

构造应力是影响地应力的主要因素,水平方向的构造应力对地应力的影响最大。水平地应力的数值主要与构造应力的强弱有关,性质主要与构造应力的性质有关。岩体中构造应力作用会引起断层、褶皱、裂隙等构造行迹的产生,一般而言,在断层、裂缝发育区是应力释放区,应力值和应力方向与区域应力场比较往往存在一定的偏差。构造体系的空间展布也能反映出构造应力场的空间分布规律,一般来说,构造运动越强烈,平面应力场的分布规律性越强,方向越稳定。同时,局部地质构造也可以对区域构造应力场产生较大的改造作用。

2. 岩体自重对地应力的影响

岩体的垂直应力 σ_v 的大小等于其上覆岩体自重,研究表明其随着深度增加而呈线性增长。因此在构造应力较强地区,浅部地应力的 σ_H 可能大于 σ_v,一般说来,两个水平主应力 σ_H 和 σ_h 不相同,表现出很强的方向性,通常 $\sigma_H > \sigma_h > \sigma_v$;而在较深部地区却表现为 $\sigma_v > \sigma_H > \sigma_h$。

3. 孔隙压力对水平地应力的影响

通常计算的地应力为总地应力值,包括了孔隙压力分量。由于孔隙压力为中性应力,因此,在不变的边界条件下,它对三个应力分量的影响是相同的。孔隙压力的增加导致三个应力分量均呈线性增大,但在孔隙压力改变的过程中,地层岩石将发生变形,引起边界条件的改变。当储层压力衰减时,地层孔隙压力减小,储层有发生体积收缩的趋势。但由于围岩的存在,储层变形受到限制,体积收缩的趋势转化为应力减小,其结果是地应力减小。

4. 地层能干性对地应力的影响

根据弹性理论,较硬的包体将承受较高的应力,反之亦然。地下应力的作用主要由能干性较强的岩石承受,沉积岩(尤其是砂泥岩)的刚性一般不如花岗岩之类的火山岩的大,因而沉积盆地内的差应力强度也不及花岗岩中的大。例如,井壁崩落往往出现于能干性较强的地层中,这说明能干性较强的地层中两水平应力差大。

5. 地层温度对水平地应力的影响

如果岩体发生局部温度变化,就会产生体积变化的趋势,而由于围岩的存在,其变形受到约束,因此产生了附加应力,导致地应力发生变化,这种应力改变可导致岩石屈服,损害油藏封隔能力,在油气开发中火烧油层、注热水和注蒸气热采可以改变油藏乃至整个油藏的主应力的大小和方向,需要对地应力场的相应变化加以研究。

4.2 地应力测量

由于确定地应力状态是评价地下工程稳定性的前提条件,因此20世纪后随着大型工程的开展,人们开始设计各种方法对地应力进行测量。世界最早的地应力实测是1932年美国采用岩体表面应力解除法对胡佛大坝的泄洪隧道首次成功地进行了原岩应力的测量。在以后的几十年间,共发展出上百种地应力测量方法,从原理上可分为直接测量和间接测量两大类:直接法主要包括水压致裂法、声发射法、扁千斤顶法等;间接法包括套孔应力解除法、局部应力解除法、松弛应变测量法和地球物理探测法等。前者通过测量岩石的破裂直接确定地应力,后者通过测量岩石的变形和物性变化来反演地应力。

在油气田地应力测量中,常用的研究方法主要有以下四类。

(1)矿场应力测量,如水力压裂应力测量、井壁崩落应力方向测量、井下微地震波法测地应力方向和套心应力解除等。这些方法可以给出比较准确的地应力测量结果,定量地描述应力场特点。

(2)利用地质和地震资料进行定性分析,如震源机制、断层类型、油井井眼稳定情况、地形起伏、地质构造等,这些资料可以定性地给出大范围应力场的分布情况与特点,但很难进行精确的应力场研究。

(3)室内岩心测量,如差应变分析、波速各向异性测定、滞弹性应变分析、声发射(Kaiser效应)测定等。但岩心地应力测量只能给出地应力相对于岩心的方位,如何给出岩心在地下原位的方法,则是该方法的一个技术关键。另外,岩心测量时,很难完全模拟井下的温压条件。

(4)地应力计算,如地应力场有限元数值模拟、地应力剖面解释、钻井参数反演和长源距声波测井自适应方法计算等。

在油气勘探中最常用的方法主要有水力压裂法、声发射法、井壁崩落法以及成像测井等。总的来说,地应力的测量是一项综合性的测试,任何一种单一的方法都不能很好地保证精度,往往需要几种方法结合起来对比使用,才可以保证结果的可靠性。

4.2.1 水力压裂法

水力压裂法地应力测试主要是通过在钻孔中封隔一小段钻孔，然后向封隔段注入高压流体，直至井壁发生破坏，从而确定原位地应力。它是一种直接测定深部岩体应力尤其是最小水平主应力的方法，是目前最准确的地应力测试方法，测试结果往往作为检验其他方法精度的标准。

在致密地层中进行水力压裂时，开启泵之后，流体压力随时间推移而逐渐增加，在形成裂缝之前到达峰值压力 p_f（图 4－1），然后裂缝形成，导致压力迅速下降，裂缝总是沿着最有利的方向扩展和传播，一般情况下沿垂直于最小主地应力的方向扩展，下降到一定程度后裂缝开始扩张，此时的压力保持恒定，在裂缝达到约三倍井径时停泵，流体压力会迅速下降到一定水平与地应力平衡，此时的压力称为瞬时停泵压力 p_s，一般认为 p_s 就等于岩石的最小主应力 σ_3，即

$$\sigma_3 = p_s \tag{4-1}$$

如果再进行二次加压，在压力达到 p_r 时，裂缝会重新张开，相对于第一次张开的压力来说，流体此次不需要额外的压力去克服岩石的抗拉强度，因此岩石的抗拉强度 T 即为两者的差值：

$$T = p_f - p_r \tag{4-2}$$

另外根据弹性理论还可以计算得到岩石的最大主应力 σ_1

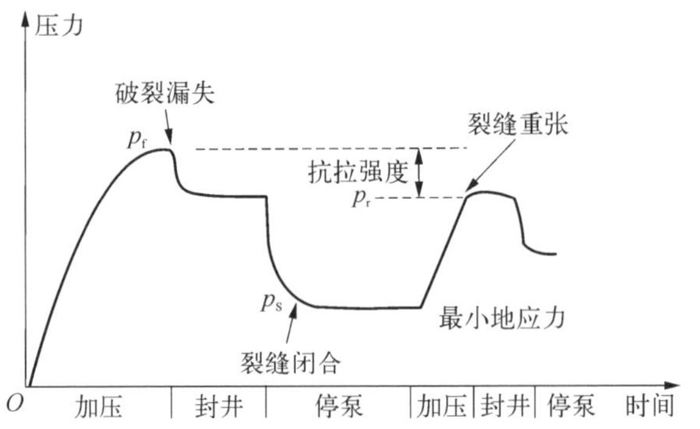

图 4－1　水压致裂法井内压力随时间变化曲线

$$\sigma_1 = 3p_s - p_r - p_0 \tag{4-3}$$

式中，p_0为封隔断处的孔隙水压力。

与其他应力量测方法相比较，钻孔水压致裂法具有以下优点：① 不需要套心，不受测量深度限制；② 不需要使用应变计或变形计。因此，水压致裂法施测的范围较大，且不必知道岩体的弹性参数。

4.2.2 声发射法（AE 法）

声发射（Acoustic Emission，AE）是材料内部贮存的应变能快速释放时所产生的弹性波。材料在经过一次或多次加载-卸载过程后，再重新加载，当应力未达到先前最大应力值时，很少有声发射产生，而当应力达到和超过历史最高水平后，则大量产生声发射，这一现象叫作凯瑟效应。从很少产生声发射到大量产生声发射的转折点称为凯瑟点，该点对应的应力即为材料先前受到的最大应力。其机理是试样由于先存应力的作用而存在微裂隙，在加载达到该应力值时，微裂隙发生扩容，并快速释放弹性波，记录这时加载的应力值，就可视为岩石所受的历史地应力值。

在图 4-2(a)所示岩石声发射率（AE 率）记录曲线示意图上，点 K 以后信号相对连续且幅度相对增高，AE 活动显著，即显示凯瑟效应。点 K 对应岩石试样的先存应力，通常称为凯瑟点。

图4-2 大理岩试样声发射记录曲线(a)和 AE 累积数对时间的响应曲线(b)（据丁原辰等，1989）

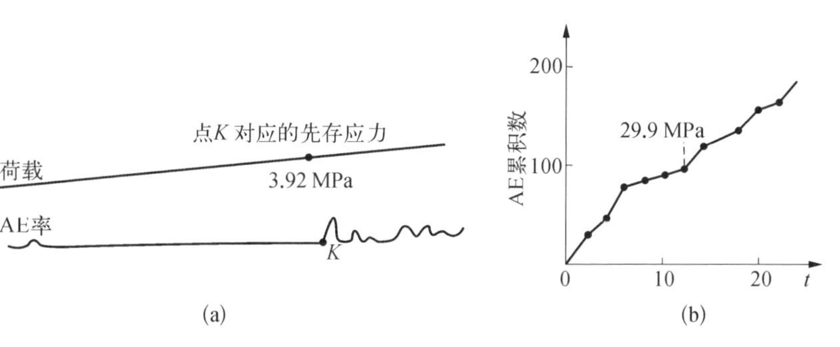

凯瑟效应为测量岩石应力提供了一个途径，如果从原岩中取回定向的岩石试件，通过对加工的不同方向的岩石试件进行加载声发射试验，测定凯瑟点，即可找出每个试件以前不同方向所受到的最大应力，并进而求出取样点的原始(历史)三维应力状态。

事实上，凯瑟点的判断并不像图 4－2(a)那么显而易见。因此，判断凯瑟效应对应应力的方法有多种，一般都是作出 AE 累计数对时间或对外加应力的响应曲线(简称 AE 曲线)[图 4－2(b)]，求出曲线斜率突变点，由凯瑟效应所反映的突变点对应着试样的先存应力。图 4－2(b)中曲线的斜率突变点对应的外加压应力 29.9 MPa 即为凯瑟点。

岩石声发射法与传统的应力解除法、水力压裂法相比，具有简单、直观、经济等优点，便于大量测试，是目前实验室确定地应力的重要方法之一，但凯瑟效应测量地应力还存在许多问题尚待进行深入研究，其中最关键的是地应力的方向如何确定的问题，目前主要通过定向取心或古地磁法来确定岩心方位。

1. 声发射“抹录不净”现象

在多年地应力研究的基础上，前人发现了一种称之为“抹录不净”的物理现象(丁原辰等，1991)，即如果在一定技术条件下对一个已经过一次加卸载循环的试样第二次加载，在载荷小于第一次加载最高值以前，岩石试样的声发射率一般都很小，在到达第一次加载的最高应力值时，声发射信号常有相对明显的增多或增强，即显示凯瑟效应，再作第三次加载(超过第二次加载的最高值)则除了在第二次加载时的最高应力处显示凯瑟效应之外，在第一次加载时最高应力处也有显著而相对孤立的声发射信号出现，这种现象称为“抹录不净”现象。同样，如果岩石试样在第一次加载时就有对应于地应力分量的凯瑟效应显示，那么无论其显示明晰与否，在特定技术条件下对岩石试样作第二次加载时，在第一次加载时显示凯瑟效应的应力附近将有“抹录不净”现象出现。一般说来仅在复压时才有与初压时显示的先存应力相对应的抹录不净点。也就是说，在复压响应曲线上斜率陡增点与抹录不净点有很好的对应关系。

因此，岩石在受力过程中存在凯瑟效应和抹录不净现象是声发射(AE)法测量地应力的理论和实验依据，而“抹录不净”现象是估计古应力值的重要依据。

2. 古应力分期及古应力值大小确定

利用声发射“抹录不净”现象可以对古应力分期及古应力值的大小进行恢复，以准噶尔盆地内的几个样品为例作简单说明。

首先在实验室内将采自准噶尔盆地的样品在岩石实验机上进行声发射实验，测得各试样初压（第一次加载）、复压（特定技术条件下第二次加载）AE 率（每秒声发射计数）记录曲线，并分别给出它们的 AE 累积数与外加压力响应曲线（图4－3），最后通过 AE 曲线上的凯瑟点估算试样中记录的地质历史古应力的大小。

图4－3　声发射 AE 累计数与外加压力响应曲线

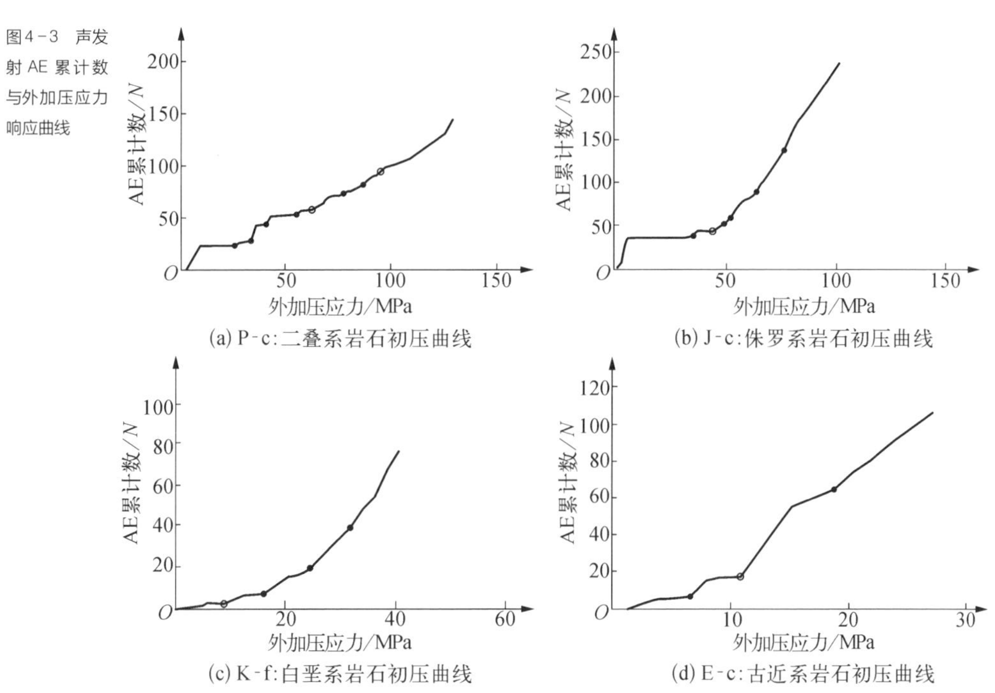

根据古应力细分期原则，古应力细分期工作必须坚持由新到老、由浅到深逐时代进行。即将测得的数据先统计出新近时代岩石试样的测试数据，再向老地层依次进行统计分析，还要结合构造期和构造层划分等地质分析。按上述原则对测试结果进行综合分析，各时代岩石记忆的历史应力分期统计见表4－1。统计结果表明：古近系记忆了2 期历史应力；白垩系记忆了3 期历史应力；侏罗系记忆了4 期历史应力；二叠系记

表 4-1 准噶尔盆地声发射实验记忆历史应力分期统计(据丁文龙,2002)

测点编号	试样岩性	岩石时代	测点深度/m	各期(幕)古构造应力最大主应力有效值/MPa	记忆的主要构造运动期次
盆 1-E	粉砂岩	E	1 322.0	7.8,18.5	2
夏盐 1-K	细砂岩	K	2 378.9	16.4,26.6,32.3	3
石西 1-J_1	细砂岩	J	3 785.6	35.9,53.9,64.1,76.1	4
夏盐 2-P_2	粉砂岩	P	4 857.3	25.5,35.7,45.4,54.3,76.8,86.7	6

忆了 6 期历史应力。

在历史应力分期统计的基础上,结合该地区构造期和构造层划分等地质分析,对各不同构造运动期次的古应力值进行进一步综合分析,结果表明:新构造期最大主应力有效值为7.8 ~ 11.5 MPa,白垩纪末为32.3 MPa,侏罗纪中晚期为76.1 MPa,二叠纪末(晚古生代末)为86.7 MPa。据上述结果可以进一步推断侏罗纪中晚期(燕山运动早期)、晚古生代末(海西运动期)可能存在强烈的构造作用,这与区域构造变形反映的结果是一致的。

4.2.3 井壁崩落法

在石油钻孔中经常产生孔壁崩落现象,而且在不同深度上的崩落孔段所形成椭圆横截面的长轴方向一般都相同,其长轴方向与最小水平主应力方向相一致。

井壁崩落法的理论依据为崩落椭圆是由地壳内的构造应力场形成的,所以两者之间存在确定的关系。它的基本原理是,由于地壳内存在水平差应力,致使钻井壁应力集中,在垂直于最大水平主应力(压应力为正)方向的井壁端切向应力最大,当该处切向应力达到或超过岩石的破裂极限强度时,即发生破裂,从而形成井壁崩落椭圆。最大主应力的方向垂直于崩落椭圆的长轴方向,最小主应力的方向则平行于崩落椭圆的长轴方向。

利用测井资料对所得的崩落椭圆长轴方位角进行优势方位统计,找出其最大优势方位,即得到测量孔段崩落椭圆长轴的优势方向,而最大水平主应力方向垂直该优势方向,由此得出最大水平主应力方向。

需要指出的是,在高角度裂隙(或断层)比较发育的地区,钻孔中也会形成与崩落椭圆相似的椭圆孔眼,这时需要借助地层倾角测井中的四条电导率曲线,将高角度裂隙(或断层)孔段划分出来,排除干扰。此外,在钻探过程中的严重孔斜现象也可以造成椭圆孔眼,在形态上与崩落椭圆孔段非常相似。这时需要根据井斜角(DEVI)随深度的变化曲线进行分析。实践证明,凡井斜角小于5°以下的,均不会造成明显的椭圆孔眼井段。

4.2.4 成像测井技术方法

成像测井技术是通过在井下采用传感器阵列沿井壁纵向、径向采集地层信息,它利用多极板上的多排小电极向井壁地层发射电流,由于电极接触的岩石成分、结构及所含流体的不同,由此引起电流的变化,电流的变化反映井壁各处的岩石电阻率的变化,据此可显示电阻率的井壁成像。

全井壁微电阻率成像测井(FMI)是近几年来发展的新型测井技术,它是利用按一定方式密集排列组合的电性传感器阵列测量井壁岩石的电导率,并进行高密度采样和高分辨率成像处理,得到“岩心似”的井壁成像图,用于储层裂缝评价与沉积相、沉积构造以及特殊地质现象解释。它有更高的井眼覆盖率和分辨率。对8 in① 井眼,它提供垂直分辨率为5 mm,几乎覆盖全部井眼的图像,因此它使得井眼周围的所有特征都将显示出来。它使测井资料的应用变得更加直观,测量结果更加精确,不仅可以准确地识别和评价裂缝,而且还能够根据裂缝优势走向判断构造应力场最大主应力方向,结合区域构造应力场演化背景,可以进一步确定裂缝形成的构造应力场方向和变化期次。

由于地应力方位与井眼崩落及诱导缝的方位关系密切,因此从图像上分析井眼崩落及钻井诱导缝的发育方位可确定最大或最小水平应力方向。在裂缝发育段,古构造应力多被释放,保留的应力很小,其应力的非平衡性也弱。但在致密地层中古构造应

① 英寸,1 in = 2.54 cm。

力未得到释放,且近期构造应力在致密岩石中不易衰减,因而产生了一组与之相关的诱导缝及井壁崩落,裂缝的走向即为现今最大水平主应力的方向,椭圆井眼长轴方向与之垂直。

对于古构造应力场的期次判断较为复杂,可以根据岩心、野外露头以及区域地质资料来判断它们之间的先后顺序,如各组裂缝之间的交切关系、不同时期的地球动力学背景演化等,据此可以确定各方向最大主应力发生的先后顺序。

4.3 构造应力场的有限元数值模拟

油层的应力场研究可为注采井网布置和注采开发方案设计提供应力场的背景资料,因而储层应力场的研究在石油工业领域具有极其重要的意义。现代应力场的研究不能完全依靠理论分析,应力场的模拟还必须依赖地应力的测量和对测试资料的强有力的数学计算分析。

测量和计算深部油层的应力场的方法主要有水力压裂法、声发射法、测井资料计算等常规的方法,但这些方法都只能获得离散点上的数据,如何利用这些地应力资料来获得整个油藏区域的应力场特征是一个急需解决的问题。

随着计算机技术的发展,数值模拟在应力场分析中得到了广泛应用,其中常用的方法是有限元法,通过建立合理的地质模型、数学及力学模型,采用有限元法计算特定时期的应力场,可以得到应力场在研究区域内的分布特征,再根据现场油气田实际分布情况及其他石油地质条件,可进一步分析断裂构造、应力场与油气运移、聚集的关系。

4.3.1 有限元法的基本概念

有限元法是一种典型的数学模拟方法,是将一个无限自由度的问题转化为有限自由度的问题,具体是将一个连续求解域通过网格划分离散成很多单元,这些单元之间通过节点相互联系,当物体整体受到载荷时,就会相应地离散到每个单元上,通过对每个单元进行分析,最终可以得到对整个物体的分析。

4.3.2 有限元应力场模拟的基本思路

地应力的影响因素很复杂,包括上覆岩层重力、地质构造作用力以及温度压力等,因此在一个较大的区域上,现今应力场的总体规律可以在调查活动断层等新构造活动特征、地震震源机制和地应力实测的基础上得出定性的初步认识,但要定量地反映区域应力场特征,找出应力集中部位,则需要进行大量的应力实测。然而在大量地下点位进行实测难度很大,随着计算机技术的发展,数值模拟技术在工程、地质力学等方面得到了越来越广泛的应用,油气勘探中地应力场的数值模拟也成为一种常用的方法。

具体方法是: 首先根据研究区的各种地质资料建立整个研究区的地质模型,设定边界条件,根据各地层单位的岩石力学参数建立力学模型,在此基础上得到数学模型,通过不断改变边界条件作用方式和大小,使研究区内某些特定点的构造主应力的计算值(包括大小和方向)与已知测点地应力值达到最佳拟合,由此所得到的构造应力场即为研究区现今的构造应力场的模拟结果(图 4-4),从而可以掌握整个研究区内其他

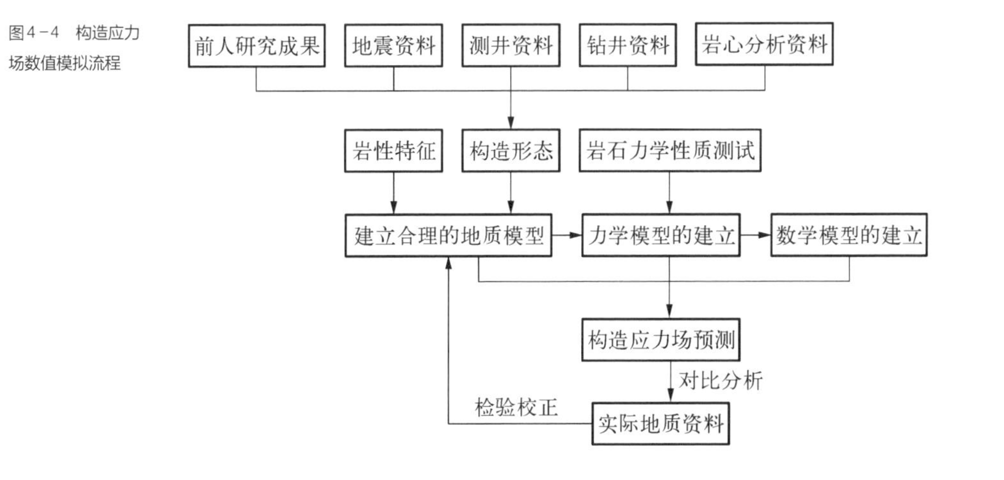

图4-4 构造应力场数值模拟流程

区域的构造应力场特征(谢润成等,2008)。

在油气勘探中,对于特定层位地应力场的有限元模拟精度取决于计算模型、地质模型、力学模型的可靠程度,这三个模型紧密联系,相互制约,通过在计算过程中互相修正和调整,使模拟值与测试值达到最优拟合。

4.3.3 模拟流程

有限元数值模拟过程中,根据研究区域地质状况的复杂程度和相关需要,可建立地应力模拟的三维或二维地质模型,从而可以分为二维模拟和三维模拟,这两种模拟方法在模拟流程上相同,都包括地质模型、力学模型、数学模型的建立以及计算结果的分析和模拟结果的反演检验这些步骤。现以二维有限元模拟为例对整个流程做简单说明。

1. 二维地质模型的建立

建立地质模型是应力场数值模拟的基础工作,首先根据研究区的范围和精度要求,设定出一个从复杂的实际地质环境中抽象出来的几何模型,再选取不同属性的地质体,确定边界形状,以岩石力学性质为标准完成不同属性地质体单元的划分。需要考虑区域构造格架,包括岩层,特别是岩石力学性质有明显差异的岩层的合并,以及断层等一些地质构造的取舍。

在构造应力场模拟中,要根据研究目的选择合理的构造历史时期,如研究油气运移应选取成藏期,研究构造裂缝则应选取天然裂缝的形成时期。地质单元的划分标准主要是各单元岩石力学性质的差异。断层一般当作断裂带来处理。

沾化凹陷总体上是一复式半地堑式的断陷(图 4 - 5),内部形成一系列呈北东、北东东向展布的“北断南超”的半地堑与低凸起。东西向被一系列北西向或近南北向的断裂复杂化,形成多个次级洼陷和洼间低凸起;南北向上形成缓坡或低凸起、洼陷、陡坡-断裂带组成的构造样式。据此建立沙三下段地质模型如图 4 - 6 所示。

2. 力学模型的建立

建立力学模型的主要任务是岩石力学属性的确定与赋值、地质隔离体的离散化

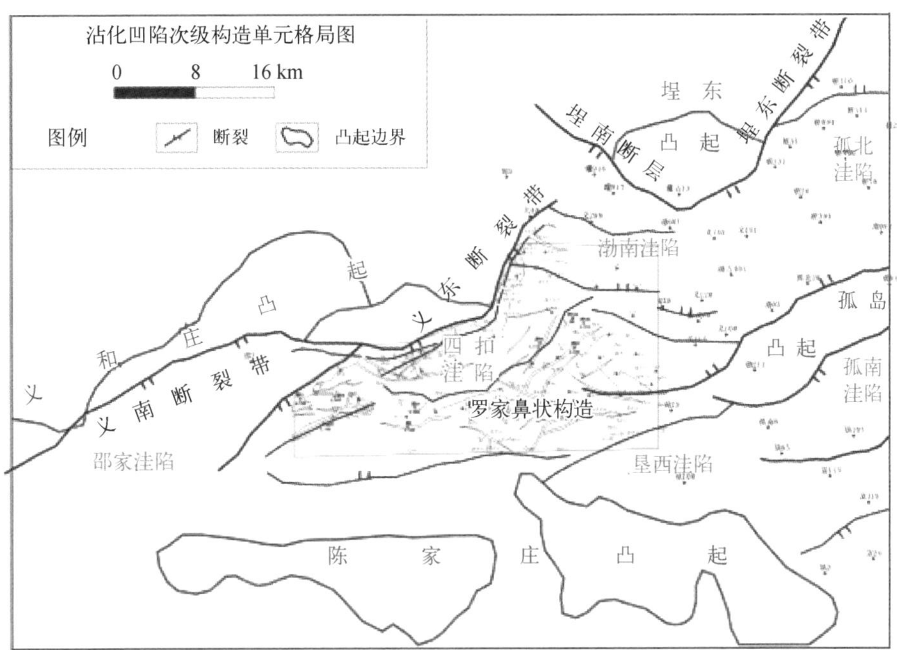

图4-5 沾化凹陷次级构造单元格局

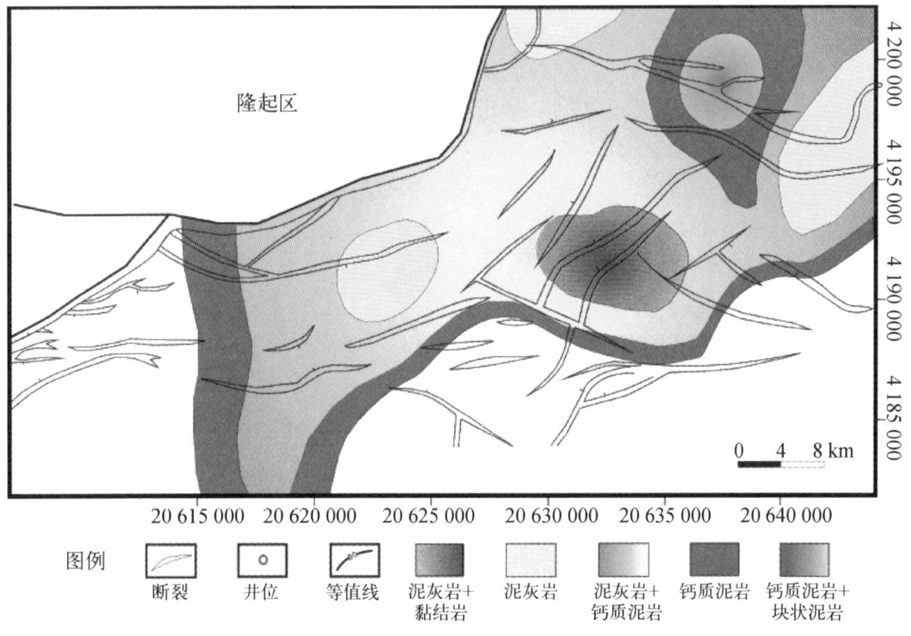

图4-6 沾化凹陷沙三下段 SQ1-LST 地质模型

(即网格划分)、边界载荷及约束方式的确定与施加。

岩石力学属性的确定与赋值包括两方面内容：一是根据岩石总体力学特征选择合理的计算理论;二是不同的构造单元要定义为不同的材料类型,分别赋予不同的岩石力学参数,实际操作中,通常用加权平均法得到地质体单元内的岩石力学参数,在应力场模拟中主要的岩石力学参数为弹性模量、泊松比等。进行有限单元网格划分时,应遵循细分网格以满足计算精度、粗分网格以减少计算工作量的总原则,并根据所用计算机的条件,考虑单元形状的规则性以及迁就地质构造的延伸等诸多因素,从而给出最为恰当的、既满足精度要求又节约时间的划分方式。对沾化凹陷采用平面三角形单元模型,按照有限元数值分析所要求的数学、力学规则,将地质模型用三角网格单元形进行网格划分,将模型划分为30 717 个单元,包含节点15 448 个(图4－7)。

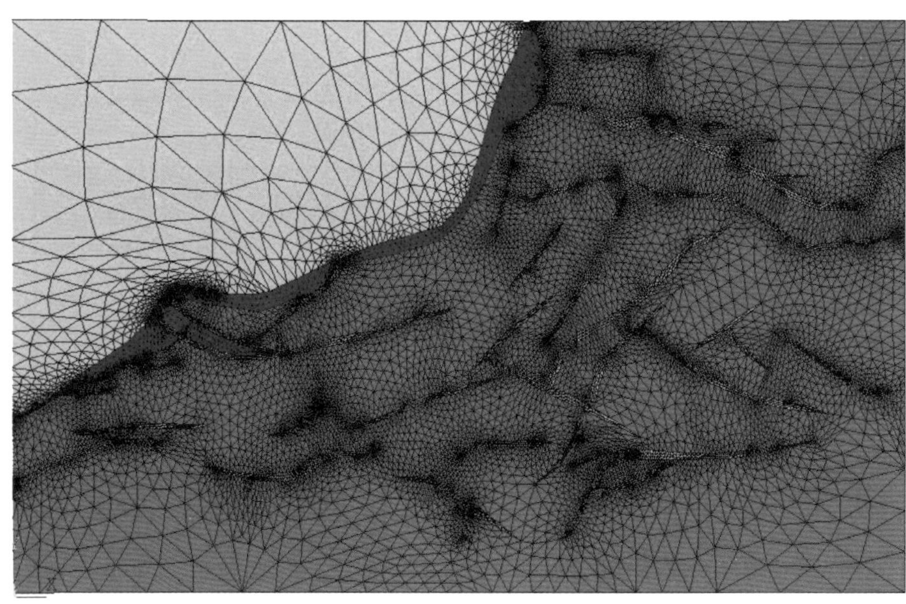

图4－7 网格化后的沾化凹陷数值模型

沾化凹陷沙三下段的裂缝主要形成期为东营末期,对本区区域构造特征分析认为,该时期应力方向以近东西向的挤压为特征(慈兴华等,2002)。

为了防止模型的刚体位移和转动,方便对模型进行运算求解,需要给予模型适当的约束条件。位移边界条件为：对模型的右边界施加 x 方向的约束，同时对下边界施加 y 方向的约束(图 4－8)。

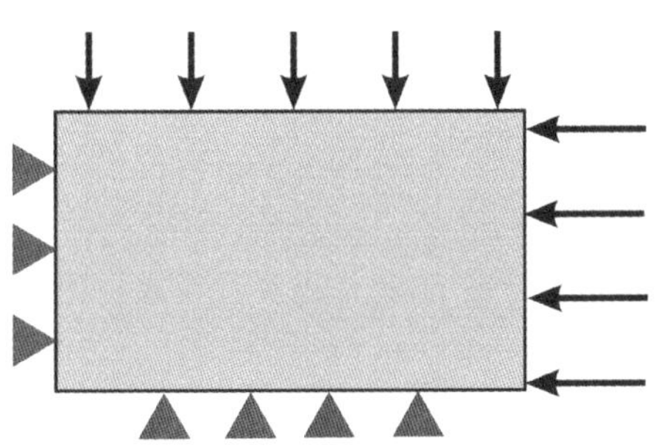

图 4－8　沾化凹陷有限元模型的边界条件

由于是进行二维构造应力场模拟，故所需的岩石力学性质参数主要为弹性模量和泊松比，这些参数均可通过岩石的力学性质实验得到(表 4－2)，其中断裂带内部作为"软弱区"处理，岩石破碎程度较高，断层区的弹性模量通常比正常地层小，一般为正常地层的 50%～70%，而泊松比则比正常沉积区岩石地层大，通常情况下两者差值为 0.02～0.1。

表 4－2　沾化凹陷沙三下段相关地质体的岩石力学参数

单元类型		弹性模量/MPa	泊松比
一级断裂		22 770	0.400
二级断裂		30 360	0.385
隆起区		36 500	0.372
正常沉积地层区	粘结岩	48 500	0.330
	泥灰岩	44 600	0.350
	钙质泥岩	34 960	0.400
	块状泥岩	37 950	0.360

3. 数学模型的建立

对地质力学模型进行计算后可以得出计算模型。计算模型可以直观地反映出现今地应力场的分布情况，它是对模拟的地应力场进行分析的依据，具体包含对力学模型施加约束、载荷并求解。在对某区域地应力场进行模拟计算时，作为研究区域的地质体本身并不是孤立存在的，它与周围的环境存在着非常紧密的联系，这种联系就是边界条件，也就是约束条件，如何正确地定义这种边界条件将直接影响模拟运算的精度。一般模拟计算地应力场的边界条件包括外力条件和位移条件两方面，外力条件指外力的大小、方向、方式等；位移条件指的是位移的大小和方向等，边界条件也是根据实地测试资料和研究目的等确定。在确定边界条件以后，对模型施加相应的边界条件就可以对模型进行计算，从而得出相应的地应力计算模型。

4. 模拟结果的分析

通过对地应力场计算模型的分析，可以得出该地区地应力分布情况，包括某一实测点的计算剖面网格图和应力轨迹图；所要模拟地区剖面的最大主应力、最小主应力以及剪应力分布；所要模拟地层的最大水平主应力、最小水平主应力以及垂直主应力等值线图。从这些地应力分布图上，可以得出该地区各主应力数值变化、分布范围以及各主应力的大致方向。此外，结合构造特点，还可以分析出应力的集中区域和扩散区域是否与该构造有关等。

从图 4 - 9 可以看出，最大主应力表现为压应力状态。断裂带内部为软弱区，岩石破碎程度较高，力学参数相对较低，应力释放，所以断层内的最大水平主应力相对连续地层来说较低。高应力值区主要分布在断裂带之间，呈 NEE 或 NE 向分布，与研究区断裂带走向相一致，体现了断裂对应力场的重要控制作用。高应力值区的岩性以高钙质含量的黏土岩、泥灰岩、钙质泥岩为主。

5. 模型的反演检验

地应力分布的模拟计算实际上是根据有限的实测地应力资料反演出整个区域的地应力分布的规律。由于资料的缺乏和模拟结果的精确程度等因素的影响，整个模拟计算的可靠度降低。为了检验模型，通常会将实测点和计算点的拟合精度作为判断可靠度的标准，但是必须考虑应力轨迹的对应性、应力规律的对应性以及位移轨迹与地应力资料的对应性。通过不断的检验和修正得到的模型才能够真正反映出该地区地应力分布的真实情况。

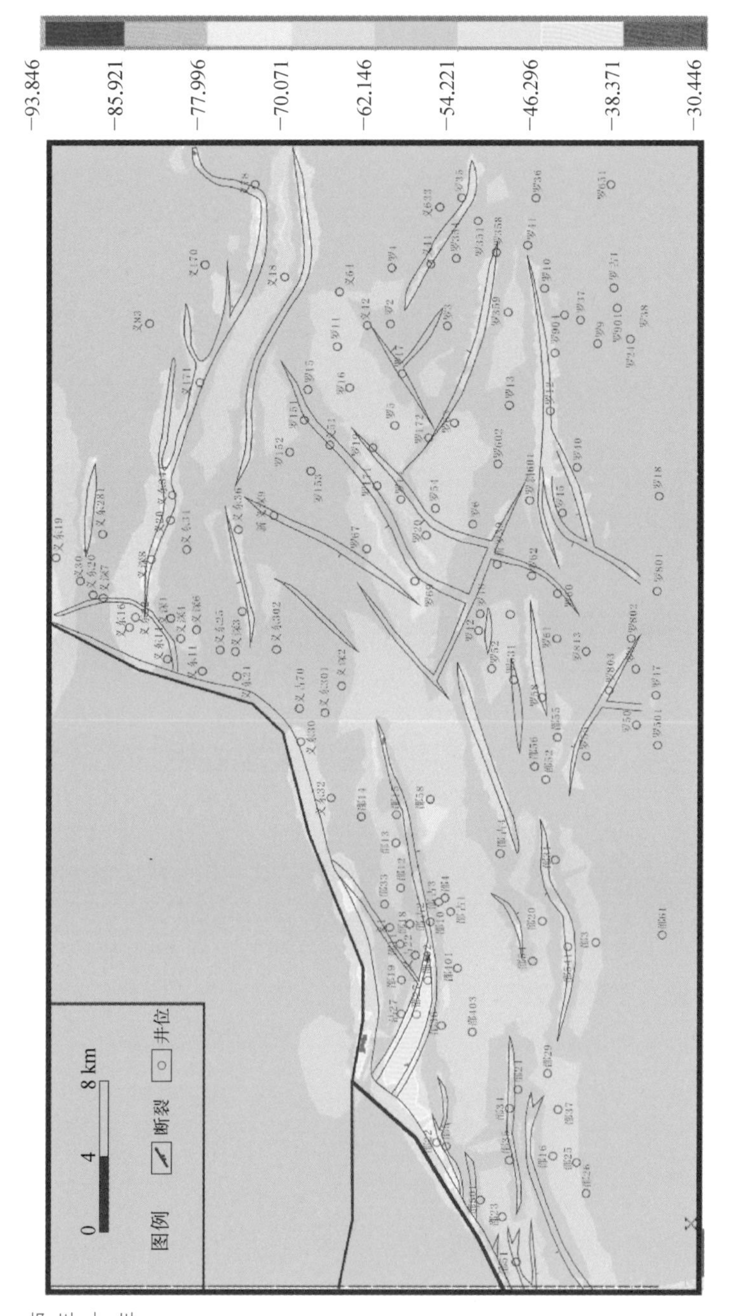

图4－9 沾化凹陷沙三下段SQ1－LST最大主应力分布

第5章

页岩气储层裂缝

随着国内外大量泥岩裂缝油气藏不断发现以及近年来北美地区页岩气勘探取得巨大成功，泥页岩裂缝的研究显得尤为重要。在对国内外泥页岩裂缝研究成果全面系统调研和详细深入分析总结的基础上，认为与其他岩石类型的储层相比，塑性相对较大的泥页岩储层在裂缝类型与成因、裂缝识别方法、裂缝参数估算、裂缝分布预测及其与含气性关系等方面既有共性也有其特殊性。

5.1 裂缝类型及形成机理

5.1.1 裂缝类型

丁文龙等(2010)依据地质成因将泥页岩储层裂缝划分出了构造裂缝和非构造裂缝2大类共12个亚类，不同类型裂缝的特征及形成机理均不相同(表5-1)。构造裂

表5-1 泥页岩裂缝类型及成因

类型	亚类	主要成因
构造裂缝	剪切裂缝	局部或区域构造应力作用，泥页岩韧性剪切破裂形成的高角度剪切裂缝和张剪性裂缝，经常与断层或褶皱相伴生
	张剪性裂缝	
	滑脱裂缝	在伸展或挤压构造作用下，沿着泥页岩层的层面顺层滑动的剪切应力产生的裂缝
	构造压溶缝合线	水平挤压作用压溶形成的裂缝
	垂向载荷裂缝	垂向载荷超出泥页岩抗压强度形成的裂缝
	垂向差异载荷裂缝	上覆地层不均匀载荷导致泥页岩破裂形成的裂缝
非构造裂缝	成岩收缩裂缝	成岩早期或成岩过程中泥页岩脱水收缩、暴露地表风化失水收缩干裂、黏土矿物的相变等作用形成的裂缝
	成岩压溶缝合线	沉积载荷作用使泥页岩层负载引起的成岩期压实和压溶作用，或由于卸载，岩层负载减小、应力释放，岩层内部产生膨胀、隆起和破裂形成的裂缝
	超压裂缝	泥页岩层内异常高的流体压力作用形成的微裂缝
	热收缩裂缝	泥页岩受侵入岩浆烘烤变质，温度梯度作用，受热岩石冷却收缩破裂产生裂缝
	溶蚀裂缝	泥页岩差异溶蚀作用形成的裂缝
	风化裂缝	泥页岩长期遭受风化剥蚀作用，岩石机械破裂而形成的裂缝

缝主要为高角度剪切裂缝、张剪性裂缝和低角度滑脱裂缝等，属于韧性剪切破裂。非构造裂缝较其他岩性储层更发育，是由成岩、干裂、超压、风化、矿物相变、重结晶及压溶作用形成的收缩裂缝、缝合线、超压裂缝及风化裂缝等。

5.1.2 裂缝形成机理

1. 构造裂缝形成机理

构造裂缝主要是各种构造地质作用下形成的裂缝。主要有高角度张剪性裂缝、剪切裂缝、低角度滑脱裂缝、构造压溶缝合线、垂向载荷裂缝和垂向差异载荷裂缝（表 5－1）。这类裂缝具有肉眼可见、延伸长、裂缝宽度变化大、裂缝面比较平整（直）规则等特点，通常成组出现并形成不同的裂缝组系，与层面近垂直，在整个区域上具有明显的方向性和规律性。不同亚类的构造裂缝其形成机制不同。

（1）高角度张剪性裂缝和剪切裂缝　碳酸盐岩、砂岩、富含脆性矿物的泥页岩层、火山岩和变质岩储层在局部或区域构造应力作用下，容易发生脆性破裂形成高角度的张性裂缝或低角度的张剪性裂缝［图 5－1（a）（c）］，这些裂缝经常与褶皱和断层相伴生。沉积盆地形成发育过程中，在三种基本构造应力场作用下产生的不同性质断裂作用（逆冲、伸展、走滑）及其排列组合，可以在断裂带的不同部位形成力学性质不同的裂缝组系。

逆冲断层运动张应力集中区位于逆冲断层上盘下端部区，发育张裂缝系或张剪裂缝系，压应力集中区位于断层下盘下端部区，有可能发育剪性裂缝或剪切裂缝［图 5－1（b）（d）］。裂缝系优势方向与断层走向基本一致。

（2）低角度的滑脱裂缝　在塑性相对较大的泥页岩层中，还常常发育有与岩层面大致平行的另一类构造成因的裂缝，即低角度滑脱裂缝，它们主要分布在泥岩层的顶部和底部，在靠近砂岩储集层的部位最发育。这类裂缝的倾角较小，但倾向变化较大，在裂缝面上常见有明显的擦痕、阶步和平整光滑的镜面特征（图 5－2）。这类低角度滑脱裂缝主要是在伸展或挤压构造作用下，通过顺层滑脱的剪切应力作用产生（曾联波等，1999）。张金功等（2010）将这种“滑脱裂缝”称之为“层面滑移缝”，认为是沿着

图 5 - 1 CY1 井下寒武统牛蹄塘组黑色页岩张剪性裂缝和剪切裂缝特征

(a) 垂直张性裂缝

(b) 共轭剪性裂缝

(c) 低角度张剪性裂缝

(d) 高角度剪切裂缝

图 5 - 2 YY1 井下志留统龙马溪组黑色页岩滑脱裂缝特征

泥页岩层层面的相对运动形成的。

(3) 构造压溶缝合线　这类缝合线与岩层的层理面垂直或近于垂直,缝合线峰柱平行或近于平行层面,即为水平缝合线,是通过水平挤压压溶作用而形成的。

（4）垂向载荷裂缝　这类裂缝是垂向载荷超过岩层的抗压强度时形成的少量特殊构造裂缝。

（5）垂向差异载荷裂缝　这是在沉积或成岩过程中，上覆地层不均匀载荷导致泥质岩层破裂形成的少量特殊构造裂缝（宁方兴等，2008）。

2. 非构造裂缝形成机理

储集层中非构造裂缝包括成岩收缩裂缝、成岩压溶缝合线、超压裂缝、热收缩裂缝、溶蚀裂缝和风化裂缝等（表 5－1）。这类裂缝与断裂、褶皱构造变形、构造应力和构造运动无关，一般为不规则的、弯曲的、不连续的，在方向上没有一致性，分布具有很大的随机性，不受构造影响，规模很小，以微观裂缝居多，纵向上切穿深度局限。

（1）成岩收缩裂缝　该类裂缝是在成岩早期或成岩过程中，由岩石脱水收缩作用使沉积物体积减小的化学过程形成的，脱水作用包括黏土失水体积减小及凝胶或胶体失水体积减小。① 由沉积岩中的碳酸盐岩和黏土组成的矿物相变作用诱导碳酸盐岩和泥页岩体积减小而形成的裂缝。例如，从方解石向白云石的化学转变可以导致岩石体积变化，塔中油田塔中 1 井白云石化使裂缝孔隙度增加 13%～16%（欧阳健等，1999）。② 在炎热的气候条件下，黏土沉积物或灰泥沉积物出露地表在风化作用下，失水收缩形成收缩裂缝，即干裂（干燥裂缝）。脱水收缩作用在三维沉积物空间内发育三维多边形的网络，且裂缝间隔小、形成所谓的“鸡笼状”储集空间。这些裂缝系统在三维空间中互相连通（R. A. 纳尔逊，1991），可以使岩层形成很好的油气储集层（图 5－3）。这种裂缝不仅可以发育在泥页岩层中，而且还可出现于粉砂岩、细砂岩、石灰岩和白云岩中。

（2）成岩压溶缝合线　由沉积载荷作用使岩层负载引起的成岩期压实和压溶作用形成的与岩层层理面平行或近于平行的成岩压溶缝合线，缝合线峰柱垂直于岩层面，也称之为垂直缝合线。

（3）超压裂缝　黑色厚层状富有机质泥页岩由于快速沉积作用造成泥页岩欠压实，或泥页岩在封闭状态下，由黏土矿物转化脱水、生烃增压和水热增压等综合作用形成高异常流体压力，当流体压力的超压值（大于静水柱压力的部分）等于基质压力的 1/2 或 1/3 时（泥岩抗张强度），即可产生裂缝，形成异常超压裂缝（图 5－4）。它主要

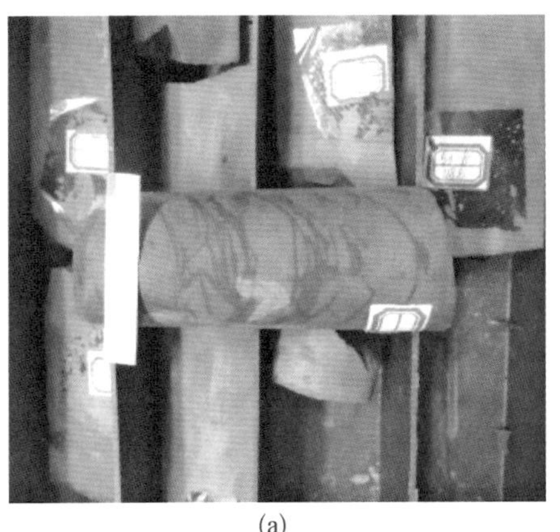

(a)

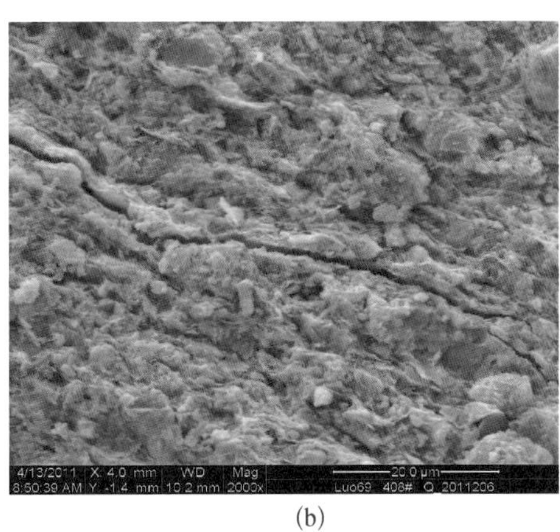

(b)

图5-3 黑色页岩成岩收缩裂缝岩心(a)和电镜特征(b)

图5-4 富有机质泥质岩层中的超压裂缝岩心照片

是地层中流体压力作用于泥页岩时,当压力突破岩石破裂强度时形成的裂缝。超压裂缝没有方向性,缝面不平整,常有分支,延伸长度一般小于 10 cm,在地层范围内即消失。异常流体压力有利于裂缝开启,低角度的顺层裂缝在高异常流体压力下也可以开启形成裂缝(R. A. 纳尔逊,1991;T. D. 范高尔夫-拉特,1989)。

(4) 热收缩裂缝　岩层受岩浆侵入烘烤变质,由于温度梯度作用,受热岩石在冷却过程中发生收缩产生的裂缝。对储集层有重要意义的是火成岩中体积收缩形成的柱状节理是典型的温度(热)收缩裂缝。

(5) 溶蚀裂缝　这类裂缝是岩层差异溶蚀作用形成的裂缝。

(6) 风化裂缝　风化裂缝是在岩层顶面附近长期遭受风化剥蚀作用,岩石机械破裂而形成的裂缝。

5.2 裂缝识别与发育特征

5.2.1 裂缝识别方法

泥页岩裂缝的识别方法与碳酸盐岩、砂岩和火山岩及变质岩裂缝的识别方法基本无差别。但由于富含有机质泥页岩裂缝的形成机制以及发育的地质条件的特殊性,决定了泥页岩裂缝有不同于其他岩石类型的裂缝识别方法,主要有以下几种方法。

1）地质法及岩石学法

地质法及岩石学法是通过泥页岩野外露头、钻井岩心(图 5－5)和岩石样品薄片来识别裂缝的重要方法,可以为泥页岩裂缝的研究提供第一手资料,同时也能获得岩石物质成分、结构与构造、裂缝组系体积密度及其方位等与裂缝有关的参数资料。根据这些资料可以计算出裂缝渗透率、裂隙率和裂缝密度。

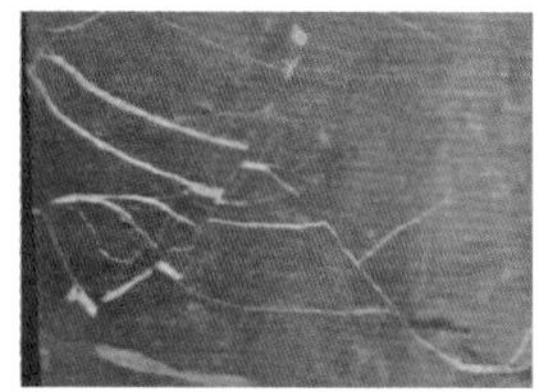

图5－5 黑色页岩钻井岩心和野外露头储集层宏观裂缝识别

2）测井方法

应用测井资料识别泥页岩储层裂缝和裂缝方向时,各种测井方法对裂缝都有不同程度的响应特征,井壁微电阻率成像测井(FMI)不仅能够识别裂缝,而且能够确定裂缝的延伸方向和产状。

(1) 常规测井裂缝响应特征

泥页岩储集层裂缝主要包括构造裂缝、超压裂缝和成岩收缩裂缝等非构造裂缝。泥页岩层中主要发育有近水平裂缝(页岩缝、成岩缝或平行层面缝)、低角度构造裂缝(滑脱缝或层面滑移缝)、高角度构造裂缝(张剪缝、剪切缝)、近垂直裂缝等。不同产状(倾角)泥页岩裂缝发育段在常规测井上的响应特征差异明显,详见表5-2。

图5-6是鄂尔多斯盆地苏里格气田S76井上古生界山西组泥岩段中平行层面缝

表5-2 泥页岩储集层裂缝在常规测井曲线上的响应特征

裂缝类型	不同类型测井的响应特征							
	自然伽马(GR)	双侧向电阻率(RT、RXO)	声波时差(AC)	补偿中子(CNL)	补偿密度(DEN)	自然电位(SP)	电阻率曲线(R)	井径(CAL)
近水平裂缝(页理缝、成岩缝或平行层面缝)	自然伽马值异常高	深浅电阻率明显负差异	增大,或出现周波跳跃现象	中子孔隙度值增大,有突然拔高现象	密度值明显降低	明显负异常	电阻率值区别不大	无异常扩径或缩径现象
低角度构造裂缝(滑脱缝或层面滑移缝)	自然伽马值高异常	深浅电阻率呈负差异,或接近(无差异)	增大,或出现周波跳跃现象	中子孔隙度值增大	密度值降低	负异常	电阻率值区别不大	无异常扩径或缩径现象
高角度构造裂缝(张剪缝、剪切缝)	略有降低,但远超过砂岩自然伽马值(异常)	深浅电阻率呈正差异	基本没有变化	中子孔隙度值略有增大	密度值变小	负异常变小	电阻率值区别不大	无异常扩径或缩径现象
近垂直裂缝	略有降低,但远超过砂岩自然伽马值(异常)	深浅电阻率明显正差异	变化不大	中子孔隙度值略有增大	密度值明显降低,且起伏不平	变化不大	电阻率值区别不大	无异常扩径或缩径现象

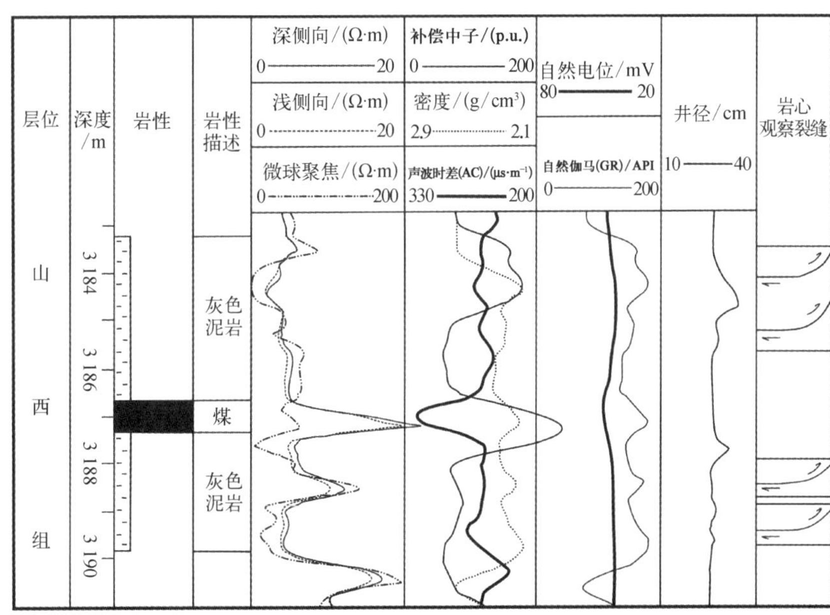

图5-6 泥岩段中平行层面缝及低角度裂缝的常规测井响应特征

及低角度裂缝的常规测井响应特征。在双侧向电阻率测井上呈现出负差异，声波时差增大或出现周波跳跃现象，微球电阻率相比深浅侧向电阻率有明显降低，密度测井在极板碰到裂缝时会明显降低，呈尖峰状，井径曲线局部出现扩径，判断该泥岩段发育低角度裂缝。经岩心观察证实，该段发育多条平行层面缝及低角度斜向缝。

图 5-7 是鄂尔多斯盆地 Z30 井(深度 1 888 ~ 1 925 m)上三叠统延长组长 7 段油层组页岩油储层裂缝常规测井识别方法。长 7 段油层组底部广泛发育湖相页岩，称为“张家滩页岩”，其分布范围广、厚度较大、含油率较高，具有巨大的页岩油资源潜力。根据唐小梅和曾联波等(2012)对长 7 段油层组页岩油储层的天然裂缝发育特征的研究，结果表明，长 7 段油层组页岩段主要发育有高角度构造裂缝、近水平成岩缝和近水

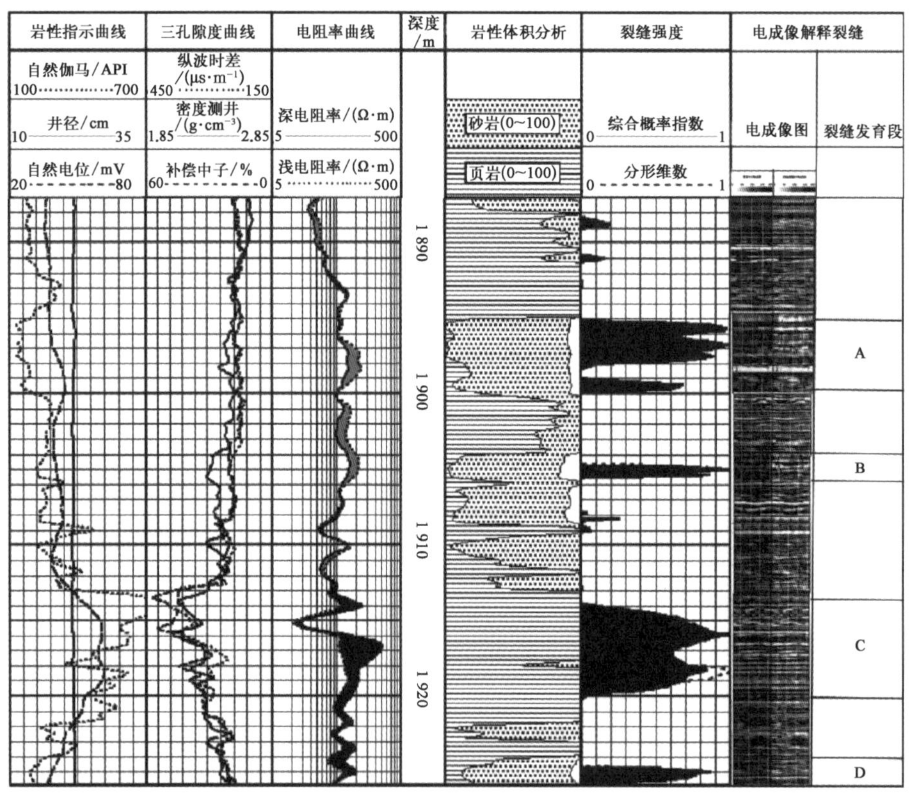

图5-7 泥页岩储集层高角度构造缝与近水平页理缝常规测井响应特征

平页理缝等三种天然裂缝类型。近水平成岩缝通常顺微层面发育,并具有随微层面弯曲、断续、分枝等分布特点,侧向连通性差。页理缝则是由于页岩通常由在强水动力条件下形成的一系列薄层页岩组成,在机械压实作用和失水收缩作用下会沿着页理发生破裂,形成页理缝,是页岩中最为发育的裂缝,多数情况下表现为水平裂缝。野外露头观察和成像测井显示,该区页岩油储层控制流体渗流系统的主要是高角度构造裂缝和近水平页理缝。页岩段发育不同程度和不同类型天然裂缝与对应深度段常规测井的响应特征存在着明显差异。

① 岩性指示曲线: 井径(CAL)均无异常扩径或缩径现象;自然伽马值(GR)在近水平页理缝发育段异常高;在高角度构造裂缝发育段略有降低,但也明显超过一般砂岩地层自然伽马值;自然电位(SP)明显负异常,且在近水平页理缝发育段负异常程度高于高角度构造裂缝发育段[图5-8(a)]。

② 三孔隙度曲线: 声波时差(AC)增大,且在近水平页理缝发育段增大程度高于高角度构造裂缝发育段;中子孔隙度(CNL)增大,有突然拔高现象,且在近水平页理缝发育段增大程度高于高角度构造裂缝发育段;密度值(DEN)变小,且在近水平页理缝发育段减小程度远高于高角度构造裂缝发育段[图5-8(b)]。

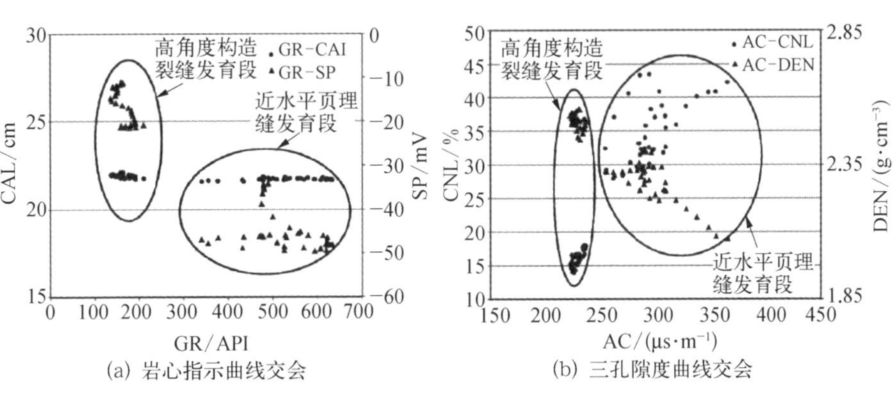

图5-8 泥页岩储层高角度构造缝与近水平页理缝常规测井交会(据唐小梅等,2012)

③ 电阻率曲线: 电阻率值区别不大,但深电阻率(RT)和浅电阻率(RXO)差异明显不同,以高角度构造裂缝为主的层段深浅电阻率明显负差异,以近水平页理缝为主的层段明显正差异(图5-9)。

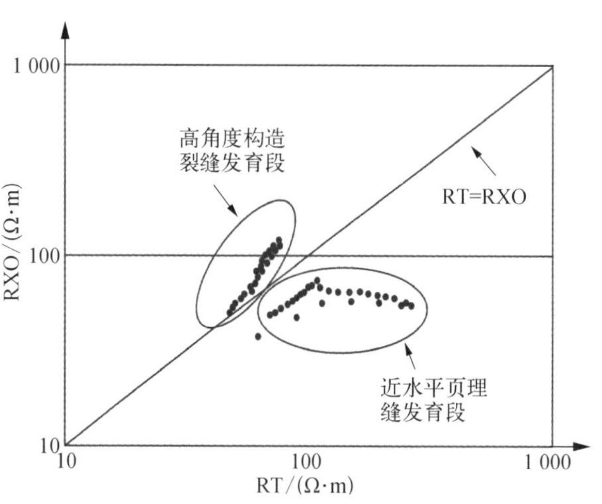

图5-9 泥页岩储层不同类型裂缝深浅电阻率曲线交会(据唐小梅等,2012)

(2) 微电阻率成像测井裂缝图像特征

常规测井方法可以识别裂缝,但精度不高。目前,裂缝识别最有效的方法是微电阻率成像测井(FMI)。由于成像测井资料井壁覆盖面积大(可达井壁 80%),纵向分辨率高,因此,可以利用成像测井资料确定裂缝层段,定量计算裂缝倾向和倾角,判断天然有效裂缝发育状况及诱导缝的产生程度。

不同角度高导缝的成像测井图像特征如下。

① 垂直裂缝:倾角大于 80°,近于直立,成像测井资料图像上,灰岩或白云岩普遍高阻,裂缝呈暗色条纹,两者之间对比明显,显示为近与井轴平行的对称出现的两条“铁轨”[图 5-10(a)]。

② 高角度裂缝:在成像测井图像上显示为深色高导条纹,呈“V”字形[图 5-10(b)]。

③ 低角度裂缝:在成像测井图像上拟合为深色“正弦曲线”[图 5-10(c)]。

3) 钻井、录井法

在钻井和录井时,发生井涌、井漏和钻井液向井口外溢等现象时,钻速加快、气测异常、泥浆槽面显示活跃,井径曲线表现出明显的扩径现象。根据这些特征,可对全井的裂缝发育段进行大致的判断。D 指数也称地层可钻性指数(量纲为 1),是对地层可钻性的反映,当钻遇异常高压(泥岩)层时,由于地层欠压实,孔隙度增大,机械转速也

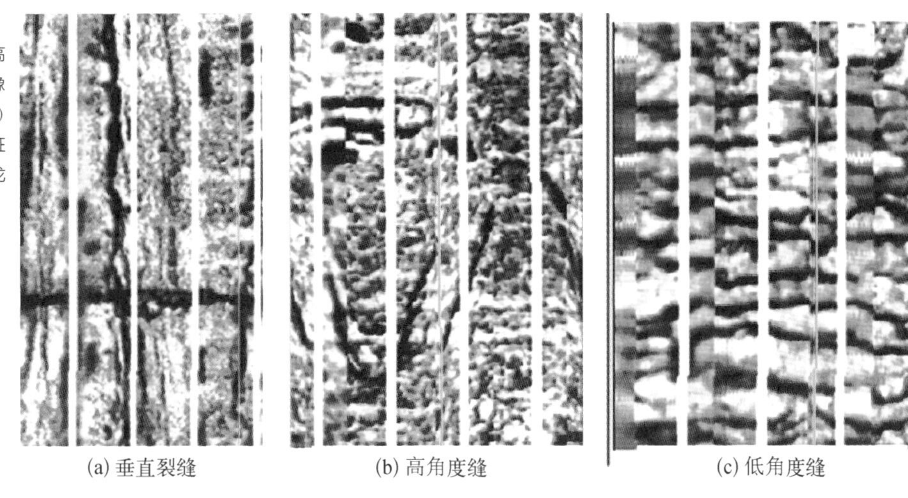

图 5－10 不同角度高导缝的成像测井（FMI）图像特征（据丁文龙等，2009）

会相应发生变化。

4）地震法

利用地震资料进行裂缝检测的方法研究，先后经历横波勘探、多波多分量勘探和纵波裂缝检测等几个阶段。在利用三维地震资料进行构造、断层（包括小断层）的精细解释基础上，采用三维可视化技术、地震属性分析、地震反演技术、地震相干分析等多种方法，综合识别和预测泥页岩裂缝发育区（段），效果较好。

（1）泥页岩储层裂缝地震属性分析

泥页岩储层裂缝具有以下特征：① 地震波速度明显降低；② 频率明显下降；③ 波阻抗降低；④ 振幅突然变化；⑤ 频率衰减属性差异明显；⑥ 泥岩裂缝段在正极性剖面上表现为负反射系数的地震反射特征。

图 5－11 是泥岩应用均方根振幅识别裂缝实例。东濮凹陷已发现的盐间泥岩裂缝油气藏的形成与断层密切相关，主要集中在文西断层及次级断层附近的断裂带附近。盐泥互层的厚层泥岩段内，裂缝发育，油气显示活跃，且大都处于异常压力带内，具有较高的地层压力，压力系数一般在 1.4 以上，处于超压微裂缝发育带。受地应力和超压作用，微裂缝局部扩大形成有效的储集空间，生成的油气就近运移进入泥岩裂缝，在盐岩塑性变形作用下形成盐间泥岩裂缝超压油气藏，具有自生自储自封闭的特

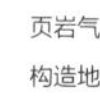

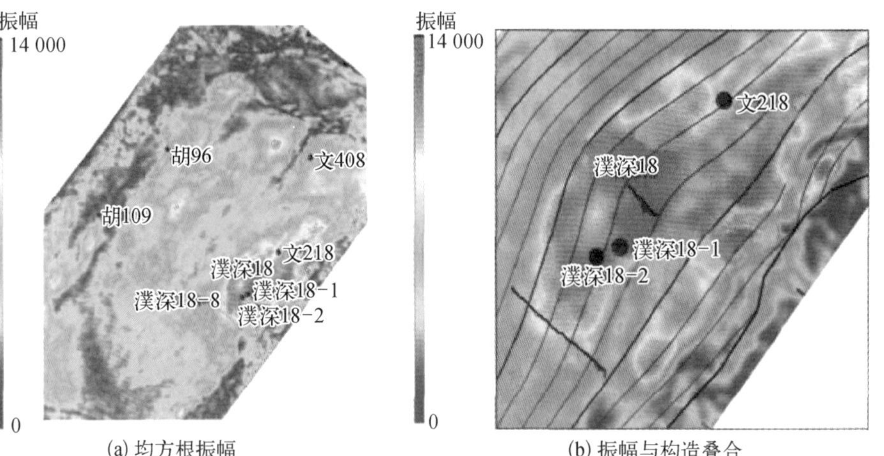

(a) 均方根振幅　(b) 振幅与构造叠合

图 5 - 11 泥页岩储层裂缝地震属性平面图及与构造叠合(据汪功怀等, 2011)

点。2009 年,位于柳屯洼陷东翼、文西断层下降盘的濮深 18 井在盐间泥岩段见到良好油气显示。

汪功怀等(2011 年)在精细层位标定和解释的基础上,提取了目的层段均方根振幅、弧长、瞬时频率等地震属性,其属性平面图分析[图 5 - 11(a)],泥岩裂缝油气藏发育的濮深 18 井区具有明显高振幅异常。构造与属性叠合图[图 5 - 11(b)]分析,异常区集中在构造等值线发生形变的区域。

(2) 泥页岩储层裂缝地震反演技术

泥页岩储层裂缝地震反演技术首先根据储层的地球物理特征,重构对裂缝敏感的地震属性,包括从常规三维数据体中提取的各种属性体和各种反演数据体,如反演速度体、反演岩性体、带限反演体等,并以工区已钻井、测井资料解释的裂缝发育指示曲线为目标,对地震数据体和重构的地震属性体进行学习和训练,优选出对裂缝最为敏感的若干属性。在此基础上,对整个三维地震数据体进行裂缝体的预测。

图 5 - 12 是胜利油田罗西地区沙三段泥页岩储层裂缝平面及空间预测实例,苏朝光等(2001)借助测井约束反演技术,将井点处浅侧向电阻率和 2.5 m 电阻率曲线转换的拟声波速度,分别作为井约束资料反演得到两者的三维速度数据体,再求两者的相对差值数据体,进而求得每个地震道对应的储层特征曲线。储层特征反演主要有两

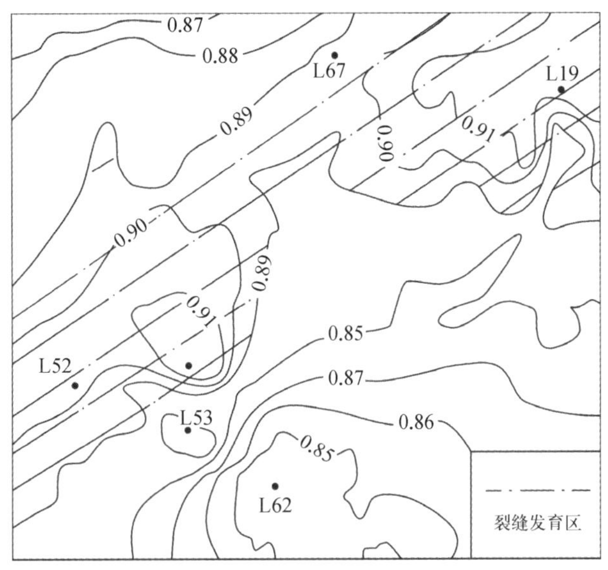

图5-12 罗西地区泥页岩储层裂缝特征反演平面预测(据苏朝光等，2001)

步：首先进行 VRxo、VRt 数据体反演，这一过程属于波阻抗反演，主要有5个关键的技术环节，包括测井资料的校正与转换、地震子波的提取、精确的层位标定、建立精细的初始地质模型以及通过反复实验确定最终反演参数，通过以上反演，可分别得到 VRxo 和 VRt 三维速度反演数据体。其次，实现储层特征反演数据体的计算(VRt - VRxo)/VRt，用下式

$$VRb = (VRt - VRxo)/VRt \tag{5-1}$$

可得到泥岩裂缝储层特征反演数据体 VRb，其特征值的高值代表泥岩裂缝储层发育段，幅值的大小反映了裂缝储层发育程度，可利用常规地震解释方法描述泥岩裂缝储层空间展布规律。利用该技术在罗家地区预测泥岩裂缝有利发育区近 20 km^2，所钻探的 L67 井泥岩裂缝发育(图5-12)，证实该方法预测泥岩裂缝具有较好的地质效果。

5）构造曲率分析法

构造曲率越大，张裂缝也越发育，曲率值可间接反映张性裂缝的数量(相对值)。早期的曲率属性通常是沿解释好的地震层位计算得到的，它受地震解释层位误差的影响较大。近年来出现了三维体曲率属性，它通过计算三维地震数据体中每一点处的倾角和方位角得到三维曲率体。实践中认为最大正曲率和最小负曲率在刻画断层、裂缝方面最有用(Chopra 和 Marfurt,2007)。

苏朝光等(2001)对胜利油田罗家地区沙三段泥岩裂缝段进行了构造曲率计算。根据构造面上只要某一方向的曲率足够大,就有可能在构造的这一部位有与之对应的裂缝发育,故采用曲线拟合求大曲率法预测裂缝。对于某一条曲线,用大曲率法可以求出曲线上任一点的曲率。

$$k = \frac{y''}{(1 + y'^2)^{\frac{3}{2}}} \tag{5-2}$$

对于构造面来讲,利用计算机来求取对构造面的数值离散值,采用三点或五点数值进行求导,求取曲面线上各节点的偏导数值,最终求出构造曲面上各点的曲率。利用式(5-2),对胜利油田罗家地区发育有泥岩裂缝的罗 42、罗 48、新义深 9 等井区进行最大构造曲率求取,发现泥岩裂缝发育区都处于最大构造曲率区域,所以,用求取最大构造曲率预测泥岩裂缝发育区是一种比较有效的方法之一(图 5-13)。

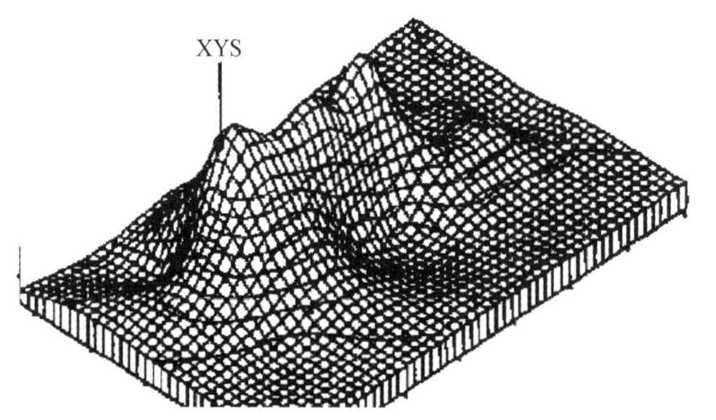

图5-13 罗家地区沙三段泥岩构造曲率(据苏朝光等,2001)

6）井间压力干扰试井法

单井试井与多井干扰试井相结合,通过单井试井可以了解井筒附近地层的情况,如井筒存储、表皮效应及地层渗透率等。通过多井干扰试井可以了解井间地层的情况,如地层的连通情况、裂缝分布等。压裂前测试与压裂后测试相结合,压裂前测试可以确定压裂前地层渗透率及油井产能,以便选择出合适的压裂规模;压裂后测试用于评价压裂效果,如确定压裂后的地层渗透率、裂缝长度、裂缝导流能力等。

5.2.2 裂缝发育特征

依据岩心、野外露头剖面、钻井、录井、地震、测井、油田生产动态和各种分析测试等资料,系统研究储集层裂缝发育特征,主要包括裂缝的宏观特征和微观特征两个方面。

1. 宏观裂缝

(1) 裂缝类型:从裂缝力学性质(成因)、产状(走向、倾角大小)、规模、几何形态、充填程度、成像测井图像特征、裂缝有效性和地质成因等方面划分裂缝的类型。其中,地质成因裂缝分类方案应用最广泛,即将储集层裂缝划分为构造裂缝和非构造裂缝等2类共12亚类(表5-1)。

(2) 裂缝组系及交切关系:识别储集层内或研究地区内不同方向和规模的裂缝组系及其相互之间的切割关系,确定不同组系裂缝的形成序次。

(3) 裂缝产状:包括裂缝走向和倾角大小。

(4) 裂缝发育特征参数:主要包括裂缝发育的线密度、面密度、体密度、长度、开度(宽度)、充填物(硅质、方解石、钙质、砂质、沥青等)和充填程度(未充填、半充填和全充填等)。

2. 微观裂缝

在对储集层宏观裂缝发育特征研究的基础上,系统采集岩石样品,进行显微镜薄片鉴定和扫描电镜分析,进一步研究裂缝的微观发育特征(图5-14),其研究内容同宏观裂缝,但重点要研究储集层中微米级裂缝的微观结构特征,包括有机质微裂缝(层间缝)、晶间缝、矿物颗粒边缘缝和内部微裂缝、成岩微裂缝、收缩微裂缝、超压微裂缝等。并利用宏观裂缝和显微镜薄片鉴定法得到裂缝特征参数,通过苏联研究人员建立的经验公计算页岩裂缝层段的物性参数,包括裂缝的孔隙度(裂隙率)和渗透率。

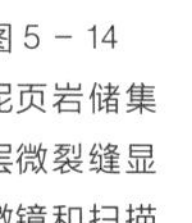

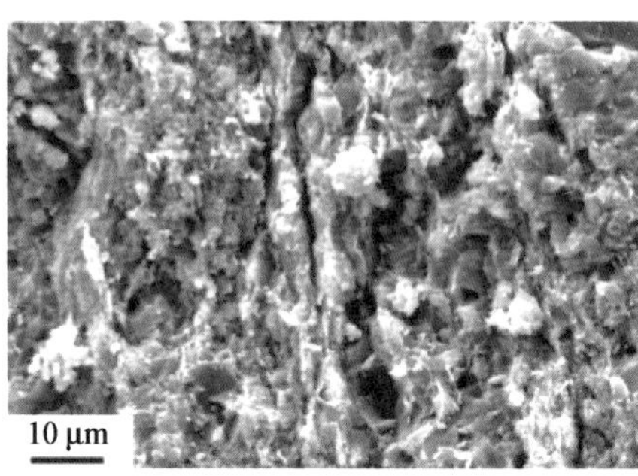

图 5 - 14 泥页岩储集层微裂缝显微镜和扫描电镜照片

3. 超微裂缝

在对储集层微裂缝特征分析的基础上，采用高倍场发射扫描电镜、氩离子抛光、核磁共振扫描图像、背散射等先进测试技术，进一步研究储集层纳米级孔隙和裂缝发育特征（图 5 - 15）。

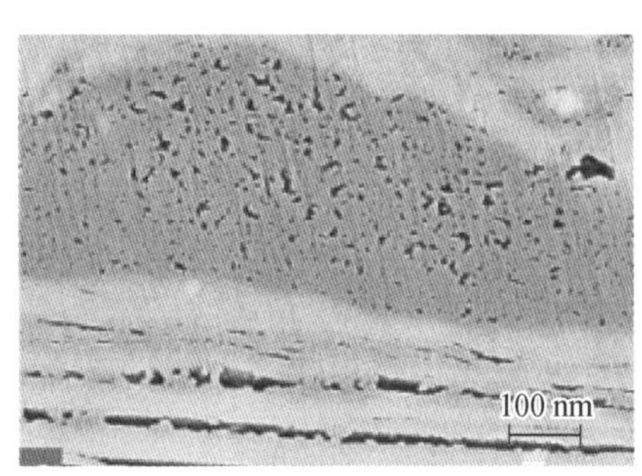

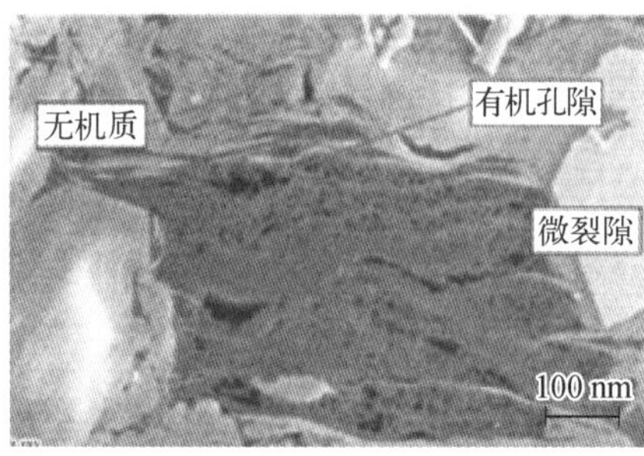

图 5 - 15 泥页岩储集层纳米级超微裂缝高倍扫描电镜和氩离子抛光照片（据邹才能等，2010）

5.2.3 裂缝特征参数计算

裂缝特征参数主要有裂缝体积密度、裂缝空间方位、裂缝张开度、裂缝孔隙度（简称裂隙率）、裂缝渗透率、充填物成分及充填程度等。其中对于裂缝密度、裂缝孔隙度和裂缝渗透率值的估算,国内外均进行了较多探索性研究,建立了许多数学模型和地球物理模型及地质模型等,提出了计算裂缝密度、裂缝孔隙度和裂缝渗透率值的经验公式。

(1)裂缝密度计算

$$T = \frac{\Delta S}{\Delta V} \tag{5-3}$$

$$P = \frac{\Delta l}{\Delta S} \tag{5-4}$$

$$\Gamma = \frac{\Delta n}{\Delta L} \tag{5-5}$$

式中,T 为某一地点上裂缝介质的体积密度;ΔS 为某个单位体积;ΔV 为单位体积内全部裂缝面的面积的一半;P 为裂缝面密度值;Δl 为遍布单位体积上裂缝印痕长度的总和;Γ 为裂缝密度值;Δn 为裂缝面法线上切割法线的裂缝数;ΔL 为法线长度。

(2)裂缝孔隙度和渗透率值估算

主要是利用薄片法或岩心核磁共振扫描图像分析法。

$$K_T = \frac{Ab^3 l}{S} \tag{5-6}$$

$$m_T = \frac{bl}{S} \tag{5-7}$$

式中,K_T 为裂缝渗透率;m_T 为裂缝孔隙度(裂隙率);A 为系数,它的数值大小取决于岩石中裂缝组系的几何形状;b 为裂缝张开度(宽度),其大小与裂缝面和薄片面之间的夹角有关,μm;l 为薄片中的裂缝的长度,mm;S 为薄片面积,mm^2。

当薄片面与岩石中发育的裂缝垂直正交时,可用下列公式计算裂缝渗透率值:

$$K_T = 8.45 \times 10^6 \frac{b^3 l}{S} \tag{5-8a}$$

$$m_{\mathrm{T}} = \frac{bl}{S} \tag{5-8b}$$

$$T = P = \frac{l}{S} \tag{5-8c}$$

曾联波等(1999)根据泥岩中不同级别裂缝的分布特征,提出了泥岩中裂缝的渗透率可用薄片面积法和蒙特卡罗逼近法进行计算和统计公式,认为裂缝的渗透率和裂缝开度的三次方成正比,裂缝的地下开度对裂缝的渗透性起决定性作用,因此,恢复至地下围压状态下泥岩裂缝的原始开度对评价裂缝的渗透性能显得尤为重要。

(3) 测井裂缝参数估算

在双侧向测井响应的数值模拟及反演方法的研究基础上,建立一套双侧向测井裂缝评价模型来估算裂缝孔隙度与张开度;利用纵、横波时差计算出与裂缝有关的岩石力学参数,并根据研究区岩心实验结果所建立的裂缝宽度与裂缝渗透率的经验关系式来估算裂缝渗透率,具体计算公式在此省略。

(4) 褶皱构造曲率计算及裂缝孔隙度和渗透率估算

由构造面离散数据拟合二次趋势面,通过趋势面二阶微分的特征值和特征向量就可以得到褶皱构造的主曲率大小和方向。褶皱构造的主曲率在一定程度上可以反映与褶皱有关的张裂隙的发育情况,继而可以估算与褶皱有关的裂缝孔隙度和渗透率。对于与圆柱状褶皱相关的张性破裂,估计其单位距离内的裂缝孔隙度是可能的。Aguilera 给出了计算公式:

$$a_{\mathrm{av}} = \frac{H}{2r\delta} \tag{5-9}$$

$$r = \frac{1}{\lambda_1} \tag{5-10}$$

式中,H 为脆性层的半厚度;δ 为破裂密度;r 为曲率半径,近似等于最大曲率值 λ_1 的倒数,通过裂缝孔隙度也可以得出与之相关的破裂渗透率。

(5) 泥岩裂缝张开度的计算

① 高角度裂缝张开度

$$C_{LLS} - C_{LLD} = dC_{mf}(G_s - G_d) \tag{5-11}$$

其中：

$$G_s = \frac{\ln(D_s - r)}{D_s - r} \tag{5-12}$$

$$G_d = \frac{\ln(D_d/r)}{D_d - r} \tag{5-13}$$

式中，C_{LLD}、C_{LLS}分别为深、浅侧向电导率，S/m；C_{mf}为泥浆滤液的电导率，S/m；D_s、D_d 分别为浅、深侧向测井仪的探测直径，cm；r 为井眼半径，cm；d 为裂缝张开度，表示一条或几条裂缝张开度的总和。

② 低角度裂缝张开度

在这种情况下，双侧向测井的电导率(C)与基块电导率(C_b)、泥浆滤液电阻率(C_{mf})、主电流层的厚度(h)以及裂缝张开度(d)近似表达式为

$$C = C_b + (C_{mf} - C_b)\frac{d}{h} \approx C_b + \frac{d}{h}C_{mf} \tag{5-14}$$

Sclumberger 公司采用如下公式：

$$C_{LLS} - C_{LLD} = 0.12 \times 10^{-3} d \cdot C_{mf} \tag{5-15}$$

5.3 裂缝分布预测

裂缝预测是根据裂缝的发育特点或形成机制，采用地质学、物理学、数学等方法研究裂缝的分布规律。地质类比、物理模拟、构造应力场模拟、变形模拟、岩层曲率计算、分形分维等是裂缝预测的有效方法。裂缝分布预测主要包括裂缝纵向和横向分布预测。

5.3.1 纵向分布预测

储集层裂缝纵向分布包括单剖面垂向分布和连井剖面横向分布。

1. 单剖面垂向分布

单剖面垂向分布主要是采用露头、钻井、测井(包括成像测井)、岩心等资料，综合识别单井储层裂缝发育层段，揭示裂缝在垂向上发育分布特征(图 5 - 16)。通过储层地震反演剖面，识别裂缝发育层段，研究其在纵向上的变化(图 5 - 17)。

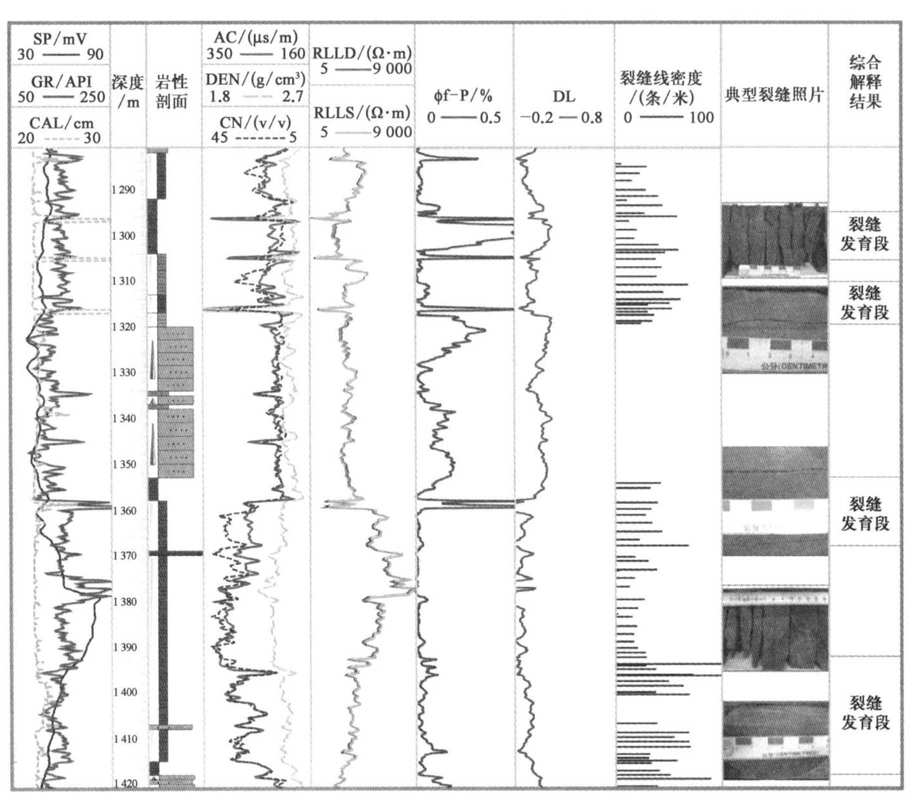

图 5 - 16 单井泥页岩储层裂缝测井解释综合成果

图5-17 储集层裂缝地震低速异常响应特征

2. 连井剖面横向分布

在单井或露头页岩剖面储集层裂缝发育层段综合解释的基础上，结合地震测线储层反演裂缝预测结果，编制连井横剖面裂缝发育层段的对比，总结页岩储层裂缝在横向上的分布特征(图5-18)。

5.3.2 平面分布预测

1. 地质分析法

地质分析法主要是根据泥页岩裂缝的成因，结合露头资料的分析，有效简单地预测裂缝地下分布的方式及其规模。

2. 异常孔隙流体压力法

异常高的孔隙流体压力是形成裂缝的内在动力，厚层泥页岩地层中异常压力越大，产生裂缝的可能性就越大。因此，可以根据泥页岩地层中异常压力的分布情况来推测裂缝的可能发育区。如果孔隙流体压力大于静水压力时，表明泥页岩系是欠压

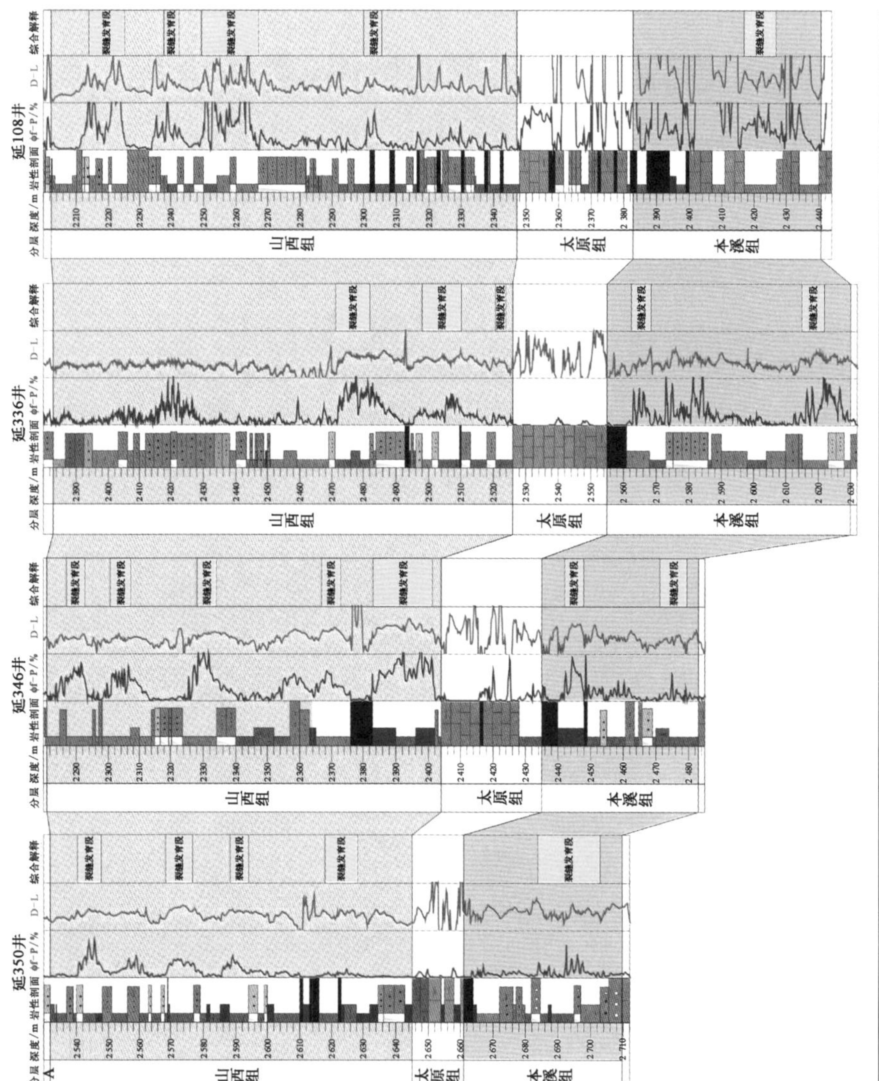

图 5－18 页岩储层裂缝发育层段连井横向对比

实地层，具有高的孔隙流体压力，为可能的裂缝发育带，且超压越大，潜在的裂缝发育程度就越高。地层孔隙流体压力可以根据地震层速度，利用 Fillippone（1979）公式计算。

3. 地层构造曲率分析法

假定变形弯曲的地层是一个完全的弹性体，泥页岩地层沿某一方向变形弯曲后，其中性面以上部位承受拉张应力，岩石可以形成张性裂缝，其裂缝发育程度与构造曲率值呈正比关系。因此，可以用计算出的泥页岩地层构造曲率值来反映裂缝的相对发育程度，预测裂缝的发育带。

测定构造曲率的算法有很多，经分析比较，利用曲线拟合求大曲率法效果较好，因为在构造面上只要某一方向的曲率足够大，就有可能在构造的这一部位有与之对应的裂缝发育。对于某一条曲线，用大曲率法可以求出曲线上任一点的曲率。

4. 地震相干体不连续性检测技术

三维地震数据体反映了地下一个规则网格的反射信息，当地下存在断层和裂缝等不连续变化因素时，在这些不连续点的两侧，不同的地震道会表现出不同的反射波特征，从而导致局部道与道之间的相干性突变。一般不连续变化所反映的是弱相干；反之为较大的相干值。经过三维地震资料处理后得到一个三维相干数据体，对其进行切片解释或拾取沿层相干数据，能有效地反映出地下断层和裂缝的发育区。

5. 地震属性分析与标定技术

地震信号的特征是由含气泥页岩储层物性、饱和度、流体成分等岩石物理学特征及其变化直接引起的。这些储层信息确实隐藏在地震数据体之中。因此，从地震数据中拾（提）取地震属性参数，如振幅及其变化率、频率、波形、相位、层速度、能量吸收系数等来反映储层特征，特别是利用振幅变化率空间变化可以有效地预测断裂、裂缝和岩溶孔洞发育的层段和分布的有利区带。

6. 地震能量吸收分析法

影响地震波吸收衰减的主要因素有岩石性质、岩石孔隙度和孔隙内流体成分等。能量吸收参数检测能够提供与储层非均质性有关的信息，如孔隙度、渗透率、流体饱和度及岩性的变化等。因此可以利用地震能量吸收分析预测裂缝储层的发育情况。

7. 构造应力场数值模拟方法

很多学者常利用三维有限元法进行构造应力场模拟，预测构造裂缝发育区带的分布，该方法的关键在于建立模拟地区的精确地质模型、力学模型和计算模型，并采用模拟层段实测的岩石力学参数和构造应力值进行应力场数值模拟与裂缝分布预测，这样更接近地质客观实际，可以为研究区泥岩裂缝性储层的油气勘探提供新的地质依据。构造应力场模拟是目前较为成熟的方法之一，已被广泛应用于储层裂缝的定量预测之中。

5.4 影响页岩气储层裂缝发育的主控因素

目前，美国的海相富有机质页岩层系中天然气勘探开发的巨大成功表明，长期以来被看作烃源岩或盖层的致密泥页岩层在一定的地质条件下，如果天然裂缝发育或经过人工压裂改造后能够产生大量裂缝系统时，泥质烃源岩完全可以成为页岩气聚集的有效储集层。天然裂缝的发育程度不仅直接影响着页岩气藏的开采效益，而且还决定着页岩气藏的品质和产量高低，裂缝发育有助于页岩层中游离态天然气体积的增加和吸附态天然气的解析与总含气量的增加。因此，对页岩裂缝形成与分布规律等方面的研究越来越受到高度重视，虽然前人在页岩气储层裂缝的成因、发育特征与分布规律及成藏条件分析等方面已做了大量研究工作，但是对页岩裂缝发育的主控因素的分析及其与含气量关系方面的研究则显得不足，需要不断加强。因此，本书根据国内外学者对影响页岩气藏储层裂缝形成的主控因素分析及含气量测试数据的统计分析，定性或半定量地深入研究了页岩裂缝发育的主控因素，探讨了其与含气量之间的关系，对加快我国页岩气资源战略调查与选区具有重要的理论指导作用。

影响页岩气藏储层裂缝的发育与分布因素有很多，与其他岩石类型的储层相比，塑性相对较大的富含有机质页岩储层在裂缝发育的控制因素方面既有共性也有其特殊性。归纳起来主要有非构造因素和构造因素，分别是控制页岩裂缝发育的内因和外因。

5.4.1 非构造因素

影响页岩气藏储层裂缝发育的非构造因素,包括页岩的岩性和矿物成分、岩石力学性质、有机碳含量、异常高压、页岩厚度、黏土矿物脱水收缩作用、成岩期的压实和压溶作用、热收缩作用、差异溶蚀作用、风化剥蚀作用等。在相同的构造应力场背景下,岩性和矿物成分、岩石力学性质、有机碳含量、异常高压等是影响裂缝发育的重要因素。

1. 页岩的岩性和矿物成分

页岩岩性和岩石矿物成分是控制裂缝发育的主要内在因素,页岩岩性类型丰富,主要包括黑色黏土质页岩、钙质页岩、硅质页岩、粉砂质页岩、炭质页岩和油页岩等;沉积环境多样,既有海相页岩,又有海-陆过渡相和陆相页岩。不同类型页岩的矿物成分复杂,除了高岭石、蒙脱石、伊利石等黏土矿物以外,还有石英、长石、方解石、白云石、云母、黄铁矿、磷铁矿和菱铁矿等碎屑矿物和自生矿物。利用地层元素分析(ECS)、X 射线衍射和扫描电镜(SEM)测试结果可以分析页岩矿物成分和含量(表5-3)。图5-19(a)是美国页岩气已开发的泥盆系-石炭系几套海相页岩的岩石矿物组成三角图,可以划分出两个矿物组成分布区域,Bossier 页岩、砂岩和粉砂岩混合岩性分布区域的石英、长石和黄铁矿含量低于 40%,碳酸盐岩含量大于 25%,黏土矿物含量低于 50%;Ohio、Woodford、Barnett 页岩位于石英、长石和黄铁矿含量为 20%~80%,碳酸盐岩含量低于 25%,黏土矿物含量在 20%~80% 的区域。其中 Fort Worth 盆地密西西比系 Barnett 组产气的黑色含钙硅质页岩中黏土矿物含量为 27%,主要是伊利石,含少量蒙脱石,石英含量为 35%~50%,平均值约 45%;Appalachian 盆地泥盆系 Ohio 组页岩石英含量为 45%~60%;北美古生界泥盆系-石炭系页岩气储集层中的有机硅含量较高,硅质主要为黏土级-粉砂级结晶质石英,常以纹层形式出现,主要来自生物成因(如放射虫),脆性矿物石英含量多超过 40%,有些高达 75%,现已投入开采的页岩气田由于石英含量很高,页岩脆性较强,往往天然裂缝系统比较发育。

图5-19(b)为我国四川盆地威远地区和长宁构造长芯1井的下古生界寒武系和志留系两套海相含气黑色页岩矿物组成的三角图,根据威远地区钻遇下寒武统筇竹寺组黑色页岩的3口钻井225个页岩样品矿物组分测试结果,黏土矿物含量为15%~21%,平均值为18.5%;石英含量为59%~69%,平均值为62%;斜长石含量为19%~25%,

表5-3 页岩储层岩性和矿物成分含量与裂缝发育程度关系统计

国家	盆地	地层	页岩岩性与沉积环境	黏土含量/%	石英含量/%	长石含量/%	碳酸盐岩含量/%	裂缝发育程度	含气情况
美国	Texas 州西部	泥盆系 Bossier 组	页岩、砂岩和粉砂岩混合岩性	29	30	8	>25	裂缝发育	页岩气层
	Fort Worth 深水前陆盆地	密西西比系 Barnett 组	含钙硅质页岩、含黏土灰质泥岩；静水深斜坡-盆地相	27	35~50① 45	7	8	微裂缝极其发育	页岩气层
	Appalachian 前陆盆地	泥盆系 Ohio 组	炭质页岩、粉砂质页岩；局部深水沉积环境		40 ~ 60			高角度多组裂缝发育	页岩气层
	Michigan 克拉通盆地	泥盆系 Antrim 组	黑色页岩、灰色和绿色页岩及碳酸盐岩互层；海相深水沉积		20 ~ 41			NE 和 NW 向两组正交近直立的天然裂缝发育	页岩气层
	Arkama 被动大陆边缘	泥盆系 Woodford 组	硅质页岩 静海沉积环境	25	35 ~ 50 45	9	8	裂缝网络发育	页岩气层
中国	四川盆地威远地区克拉通盆地	下寒武统筇竹寺组	深灰-黑色炭质页岩、粉砂质页岩和粉砂岩浅海陆棚相	15 ~ 21 18.5	59 ~ 69 62	19 ~ 25 22	7 ~ 13 9.5	微裂缝发育；被石英、方解石和白云石等次生矿物晶体基本充填，呈闭合状态	页岩气显示丰富
		下志留统龙马溪组	富含笔石深灰-黑色粉砂质页岩、炭质页岩、硅质页岩夹泥质粉砂岩；浅水-深水陆棚相	26 ~ 41 34	45 ~ 76 61.5	少见	7 ~ 20 13.5		页岩气显示活跃
	四川盆地长宁构造克拉通盆地	下志留统龙马溪组	富含笔石深灰-黑色粉砂质页岩、炭质页岩、硅质页岩夹泥质粉砂岩；浅水-深水陆棚相	30 ~ 60	20 ~ 30	3 ~ 10	10 ~ 25	裂缝非常发育	含页岩气

① $\frac{\text{最小值}\sim\text{最大值}}{\text{平均值}}$

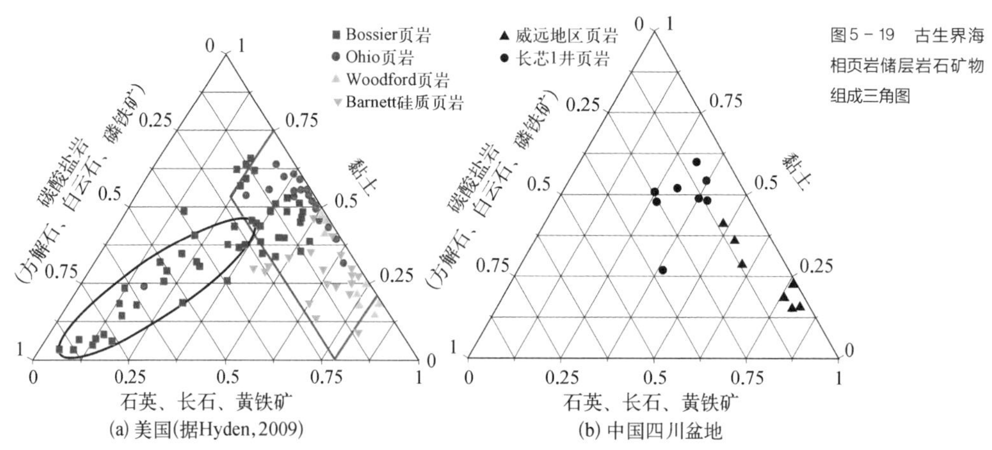

图5-19 古生界海相页岩储层岩石矿物组成三角图

平均值为22%;碳酸盐岩(方解石和白云石)含量为7%~13%,平均值为9.5%。4口钻井64个下志留统龙马溪组富含笔石的黑色页岩样品测试结果,黏土矿物含量为26%~41%,平均值为34%;石英含量为45%~76%,平均值为61.5%;斜长石少见,碳酸盐岩(方解石和白云石)含量为7%~20%,平均值为13.5%;该地区寒武系页岩石英含量与志留系相当,富含斜长石,黏土矿物含量远低于志留系的页岩,碳酸盐岩含量略低于志留系的页岩(表5-3)。

位于四川盆地南部的长宁构造长芯1井下志留统龙马溪组黑色页岩中石英含量较低,为20%~30%,但碳酸盐岩(方解石和白云石)含量较高,多为10%~25%,高达35%,黄铁矿含量为1%~4%。长芯1井钻探结果表明龙马溪组页岩层段裂缝非常发育,是由于页岩矿物中的碳酸盐岩含量较高;威远地区页岩层段微细裂缝发育取决于岩石矿物中高含量的石英和比较高的碳酸盐岩及长石含量(表5-3)。由此可见,页岩中石英、长石和碳酸岩盐岩等矿物含量越高,页岩的脆性就越大,在相同的构造应力作用下,容易形成天然裂缝和诱导裂缝,造成页岩层段裂缝发育,有利于游离气的解析、渗流和聚集成藏。研究发现,富含石英的黑色页岩比富含方解石的灰色页岩脆性大,其裂缝的发育程度相对也高。

Nelson认为除石英外,长石和白云石也是黑色页岩中脆性较大的矿物组分。硅质含量越高,页岩脆性越大,越有利于形成裂缝。即页岩裂缝的发育程度一般与页岩中脆性矿物的含量呈正相关关系。当页岩膨胀性黏土矿物含量较少,硅质、碳酸岩盐和长石等矿物较多时,岩石脆性较大,造缝能力强,容易产生裂缝。在矿物组分相同的页岩中,岩石颗粒越细,越有利于裂缝的发育;相反,岩石颗粒越粗越不利。岩性变化处往往是裂缝发育的地区。富含硅质的页岩要比富含黏土质页岩在人工压裂中会产生更多的裂缝系统。页岩层系中的粉砂岩、细砂岩或砂岩夹层、开启或未完全充填的天然裂缝也可提高页岩储层的渗透性,断层和裂缝带内页岩气渗流性更强。

2. 岩石力学性质

裂缝是岩石破裂的结果,其形成问题长久以来是一个难题,国内外学者根据实际观察和实验测试结果,提出了许多基于岩石强度假说的破裂准则,概括起来主要有单剪强度准则、双剪强度准则、三剪强度准则、应变能密度准则和最大张应力强度准则五大系列。其中使用最广泛的是描述岩石宏观破裂的库仑-莫尔(Koulomb-Mohr)广义单剪准则和从微观机理出发的格里菲斯(Griffith)广义最大张应力准则。描述岩石弹性形变的主要参数有杨氏模量、切变模量、体积弹性模量和泊松比等,它们分别反映了岩石的抗张强度、抗剪强度、抗压强度和横向相对压缩系数。岩石剪破裂的发生不仅与破裂面上的剪应力有关,还取决于其上的正应力。构造应力场给出了其中各点的应力状态,为了判断构造应力场中任一点是否达到破裂状态或者判断裂缝的发育程度,引进了破裂值(I)的概念,它定义为

$$I = \tau_n / [\tau] \tag{5-16}$$

式中,τ_n 为某一面上的剪应力;$[\tau]$ 为极限剪应力,$[\tau] = C + \sigma_n \tan \varphi$;$C$ 为岩石的黏聚力(内聚力);σ_n 为剪破裂面上的正应力;φ 为内摩擦角,$\tan \varphi$ 为内摩擦系数。

若 $I < 1$,则不产生裂缝;若 $I \geqslant 1$,则产生裂缝。因此,根据 I 值大小,就可划分出裂缝的发育程度。岩石处于广义拉张状态,岩石破裂可发生张剪性或张性破裂,莫尔-库仑准则不适用,应采用格里菲斯(Griffith,1921)强度理论的平面破裂准则对破裂情况进行判别,该准则是以张性破裂为前提,认为岩层内存在张应力状态,实际上是一种等效的最大张应力理论,适合于对张性破裂进行判断,在脆性岩石抗张强度一定的条件下,有效张应力 σ_E 值可以作为描述岩层张裂缝和张剪裂缝发育程度的一个特征参数,当有效张应力 $\sigma_E \geqslant \delta$ 时,岩层就会产生潜在张裂缝(含张剪裂缝),δ 为某一正数($\delta \geqslant 0$),代表岩石的抗张强度;其含义是,σ_E 值越大,表示产生张性破坏的可能性越大,裂缝越发育,特别是岩性分布比较稳定的页岩地区,岩石抗张强度相差不大,张裂缝或张剪裂缝发育程度与 σ_E 值呈正相关关系。

从以上对岩石裂缝产生的条件讨论可以看出,页岩在应力达到岩石的强度极限时,岩石就发生破裂而破坏,岩石的破裂有两种类型,即张裂与剪裂。在同一种应力场作用下,页岩破裂产生裂缝程度与不同岩性岩石力学性质参数关系极为密切,如杨氏弹性模量(E)、切变模量(G)、体积弹性模量(K)、泊松比(v)、内聚力(C)、内摩擦角(φ)、不同围压下岩石的破裂强度等,这些参数均可由高温高压三轴岩石力学实验获得。

根据我国准噶尔盆地东部火烧山油田 4 个以黑色泥页岩、粉砂岩为主夹细砂岩和中砂岩的油层组不同岩性岩石力学参数的实验分析结果,可以说明不同类型的泥页岩的岩石力学性质参数对裂缝发育的影响。根据 5 口井中不同深度泥质粉砂岩

12块、粉砂质泥岩10块、纯泥岩9块和白云质泥岩3块,共34块岩心样品在不同围压条件下三轴岩石力学实验破裂形成裂缝得到的不同类型泥页岩的破裂强度、弹性模量、泊松比、内聚力、内摩擦角等数据,分析结果表明,首先,不同类型泥页岩的破裂强度不同,其中,白云质泥岩的破裂强度最大,为215 ~ 239 MPa,粉砂质泥岩次之,为110 ~ 207.6 MPa,泥质粉砂岩破裂强度为105.5 ~ 196.5 MPa,纯泥岩的破裂强度最小,为99.75 ~ 171.5 MPa。其次,不同类型泥页岩的杨氏弹性模量、泊松比、内聚力和内摩擦角等力学参数均不相同,白云质泥岩的各项参数值最大,内聚力更大,说明白云质泥岩无论抗张、抗剪切以及抗压能力都是最强的;对比4个油层组中泥质粉砂岩、粉砂质泥岩和白云质泥岩等的泊松比和弹性模量(图5-20),可以看出两者呈负相关关系,表现出破裂强度大的白云质泥岩泊松比高、杨氏模量低;而破裂强度小的粉砂质泥岩和泥质粉砂岩则为低泊松比、高杨氏模量。因此,在相同的地应力作用下,破裂强度小、低泊松比、高杨氏模量的泥页岩脆性大,容易形成裂缝,这种富有机质脆性页岩也正是页岩气资源战略选区的首选目标。

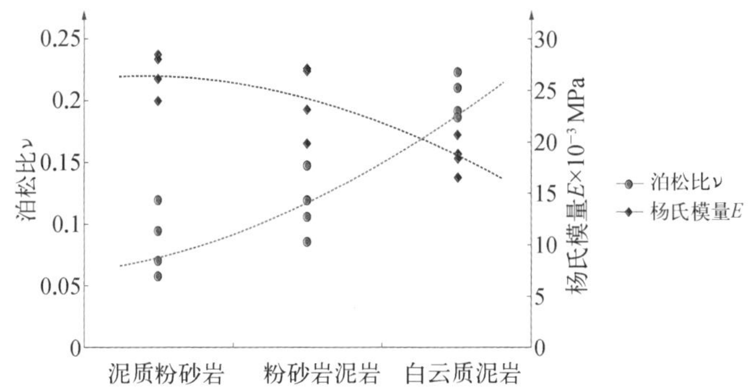

图5-20 准噶尔盆地火烧山油田不同泥岩岩石力学参数变化特征

3. 有机碳含量

有机碳含量(Total of Carbon,TOC)不仅控制着页岩的含气量,也在一定程度上控制着页岩裂缝的发育程度。

一般情况下,页岩裂缝发育段内的天然气勘探成功率高,产气量大,有机碳含量对应也高,在相同的地球动力学背景和岩石矿物学组成和力学性质条件下,有机碳含量是影响页岩裂缝发育的重要因素。有机质和石英含量都很高的页岩脆性较强，容易在构造应力作用下形成天然裂缝和诱导裂缝，有利于页岩气的解析和游离气聚集和渗流。北美大多数黑色页岩有机质含量高(TOC≥2%)，页岩中生物成因的有机硅质含量高，一般超过30%，该类富有机质的硅质页岩脆性大，裂缝或微裂缝系统发育，如Fort Worth盆地Barnett组页岩有机质含量为1.0%~13.0%，平均值达4.5%。而石英含量为35%~50%，平均值为45%，页岩内部微裂缝非常发育。这主要是页岩沉积之初海平面位置高，富含养分的上升流夹带着来自深海动植物残骸，使生物产率高，形成较强还原环境的静水深斜坡-盆地相，有机质保存好，富有机质，沉积物主要为半远洋软泥(来自浅水陆棚)和生物骨架残骸，硅质生物体(如放射虫)埋藏造成页岩储层硅质含量高，且与有机质含量高低密切相关。

根据世界各地区页岩气已投入开发的页岩有机碳含量与裂缝发育程度关系统计结果(表5-4)，发现页岩有机碳含量越高，总含气量大，游离气量相应较高，且裂缝

表5-4 页岩有机碳含量与裂缝发育程度关系统计

国家	盆地	地层	有机碳含量/%	总含气量/($m^3 \cdot t^{-1}$)	吸附气含量/($m^3 \cdot t^{-1}$)	游离气含量/($m^3 \cdot t^{-1}$)	裂缝发育程度
美国	Appalachian 前陆盆地	泥盆系 Ohio组	0.5~23.0	1.7~2.83	0.85~1.42 (50%)②	0.85~1.42 (50%)	高角度多组裂缝发育好
美国	Michigan 克拉通盆地	泥盆系 Antrim组	0.3~24.0	1.13~2.83	0.79~1.98 (70%)	0.34~0.85 (30%)	NE和NW向两组正交近直立的天然裂缝发育中等-好
美国	Illinois 克拉通盆地	泥盆系 New Albany	1.0~25.0	1.13~2.64	0.57~1.32 (50%)	0.56~1.32 (50%)	裂缝系统发育好
美国	Fort Worth 深水前陆盆地	密西西比系 Barnett组	1.0~13.0	8.49~9.91	4.25~5.0 (50%)	4.24~4.91 (50%)	微裂缝极其发育
美国	San Juan 前陆盆地	白垩系 Lewis组	0.5~3.0	0.37~1.27	0.28~0.95 (75%)	0.09~0.32 (25%)	裂缝网络发育中等
中国	四川盆地 威远地区 克拉通盆地	下寒武统 筇竹寺组	$\frac{0.4\sim11.07}{2.25(85)}$①	0.27~1.03			微-细裂缝发育
中国	四川盆地 威远地区 克拉通盆地	下志留统 龙马溪组	$\frac{0.51\sim4.45}{2.09(61)}$				微-细裂缝发育
中国	四川盆地 长宁构造 克拉通盆地	下志留统 龙马溪组	$\frac{0.45\sim8.75}{2.93(153)}$				裂缝非常发育

① $\frac{\text{最小值}\sim\text{最大值}}{\text{平均值}}$；② 50%为吸附气或游离气占总含气量的体积分数

越发育。有机碳含量与裂缝发育程度之间的关系划分为四类：① 有机碳含量小于2.0%，裂缝发育程度差；② 有机碳含量为2.0%~4.5%，裂缝发育程度中等；③ 有机碳含量为4.5%~7.0%，裂缝发育程度好；④ 有机碳含量大于7%，裂缝发育很好（图5-21）。Jarvie 等（2007）的实验分析结果也为上述的统计认识提供了佐证，即有机质含量为7.0%的页岩在生烃演化过程中，消耗35%的有机碳，可使页岩孔隙增加4.9%。因此，有机碳含量越高，页岩基质中的超微孔隙越多，形成的微裂缝越多，页岩气藏丰度就越高。

图5-21 页岩有机碳含量与裂缝发育程度间的关系

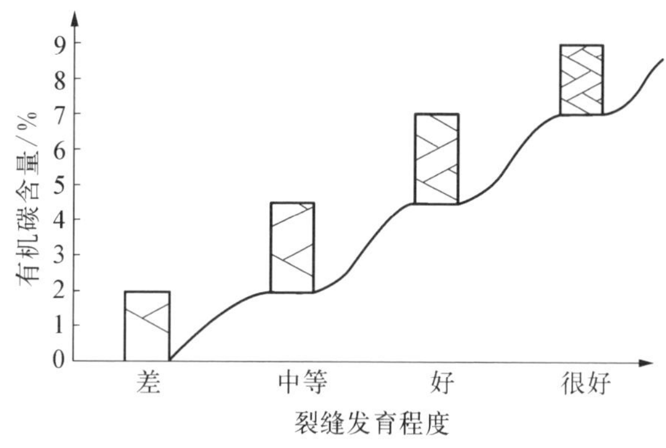

4. 异常高压

异常高流体压力是岩石破裂的内因，富有机质泥页岩层由于上覆厚度较大的地层的快速沉积作用，导致下伏泥页岩层的欠压实，泥页岩在封闭状态下，由于黏土矿物转化脱水、烃类生成、水热增压等综合因素控制，便形成了异常高的孔隙流体压力，当大于静水柱压力的部分流体压力（超压值）等于基质压力的1/2或1/3时，泥页岩层可产生裂缝，形成超压裂缝。当孔隙流体压力小于裂缝中的流体压力时，裂缝闭合。通常情况下，异常高压内裂缝的开启与闭合是一个多次循环往复的过程，在这个过程中，先期形成的较小裂缝不断被后期的破裂作用扩展，从而形成一些较大的纵向拉张裂缝以及大量的微裂缝，同时也可以形成一些剪切缝。因此，厚层页岩超压带分布区（生气区）很容易形成一定规模的页岩裂缝气藏。

5.4.2 构造因素

构造因素是岩石破裂的外因，与裂缝形成有关的主要构造作用具体如下。

(1) 塑性相对较大的页岩层在局部或区域构造应力作用下，由于韧性剪切破裂形成以高角度剪切和张剪性构造裂缝为主的构造裂缝，常常与褶皱或断层相伴生，成组出现，与层面近垂直，具有明显的方向性，并有比较平整的裂缝面特征，页岩中这种高角度的构造裂缝主要在岩层内发育，部分可切穿页岩层面延伸至砂岩储层形成穿层裂缝。

(2) 在挤压或伸展区域构造作用下，沿着页岩层面顺层滑动的剪切应力产生与岩层面大致平行的低角度滑脱裂缝，它们主要分布在页岩层的顶部和底部，裂缝的倾角较小，倾向变化较大，在裂缝面上常见有明显的擦痕和镜面的特征。

(3) 由水平挤压产生的压溶作用形成构造压溶缝合线，与岩层的层理面垂直或近于垂直，缝合线峰柱平行或近于平行层面，即为水平缝合线。

(4) 垂向载荷超出泥页岩抗压强度形成垂向载荷裂缝。

(5) 上覆地层不均匀载荷导致泥页岩破裂形成垂向差异载荷裂缝。

(6) 具有强大压力的岩浆侵入可以引起围岩的机械性破裂形成大量拉张和挤压裂缝。

(7) 盐丘对页岩裂缝的产生也十分有利，盐岩由于受基底拱张运动及断层活动影响，出现许多小的褶皱及盐岩的不规则流动现象。

综上所述，各种不同性质构造应力对裂缝的形成具有重要的控制作用。构造裂缝形成于构造应力的集中与释放过程中，在同等应力值变化区间内，应力变化梯度较大的地区，产生裂缝的概率也较大。例如，断层的外凸区、转换带、断层的交汇处以及背斜的顶部和陡翼、洼陷的斜坡与平缓底部的过渡带等地层产状急剧变化的部位，为应力变化梯度较大的地区，这些地区页岩层变形比较强烈，页岩裂缝通常在这些部位很发育。

在相近的地质背景下，脆性页岩裂缝发育程度还与断裂和褶皱变形关系密切。离断层带越近的页岩分布区，裂缝越发育，裂缝密度越大；远离断层带则正好相反。

裂缝发育的密度受断层的规模和活动强度影响较大,在岩相条件相同时,页岩分布区内断层规模越大、活动性越强则越容易产生裂缝。虽然,页岩裂缝发育区与断层带的关系密切,但具体到每一条断层,并不是其附近都有裂缝发育带,这反映出断层和裂缝发育两者之间关系的复杂性。褶皱构造作用产生的裂缝主要发育在褶皱构造转折端附近,由断裂和褶皱构造作用形成的构造裂缝能够有效改善页岩的储集性能,使页岩储层的渗透率明显提高,因此,页岩气藏的高产区大多分布于褶皱构造转折端和断裂带附近。

综上所述,页岩裂缝的发育程度一般与岩石中脆性矿物的含量呈正相关关系,石英、长石和碳酸岩盐等脆性矿物含量多,页岩脆性大,造缝能力强,裂缝发育;低泊松比、高杨氏模量的页岩脆性大,容易形成裂缝;高有机碳含量的页岩脆性较强,容易在构造应力作用下形成天然裂缝和诱导裂缝,有利于页岩气的渗流和聚集成藏。当富含有机质的厚层页岩异常高压带内的剩余地层 压力(超压)大于岩石的抗张强度时,页岩层就会发生破裂形成扩张裂缝,并沿着原有的近水平的构造面(如层理、裂缝)产生裂缝;应力变化梯度较大的地区,产生裂缝的概率也较大;在构造应力与流体异常高压两者耦合页岩发育地区,页岩层流体压力增加,最小主压应力减小,岩石容易破裂形成裂缝及微裂缝。另外,岩层厚度、页岩层的埋深、沉积相带及沉积微相、岩层非均质性、成岩(脱水)收缩、热收缩、成岩压溶、溶蚀和风化等非构造因素,也是页岩裂缝发育的影响因素。由此可见,不同性质的构造和非构造作用能够产生多种类型的构造与非构造裂缝,可以有效改善页岩的储集性能,尤其是对页岩储层渗透率的提高最为明显。

5.5 裂缝发育对页岩含气性的影响

页岩裂缝与其含气性关系密切,主要表现在裂缝发育与页岩气测显示、页岩气含气量和产气量之间。

5.5.1 裂缝发育与页岩气测显示

1. 裂缝发育与钻井出现气侵或井涌

钻井过程中，富有机质页岩层段的多次天然气异常与地层倾角变化和张开缝发育情况具有较为密切的关系，倾角较大、裂缝发育，天然气显示较活跃（图 5－22）。

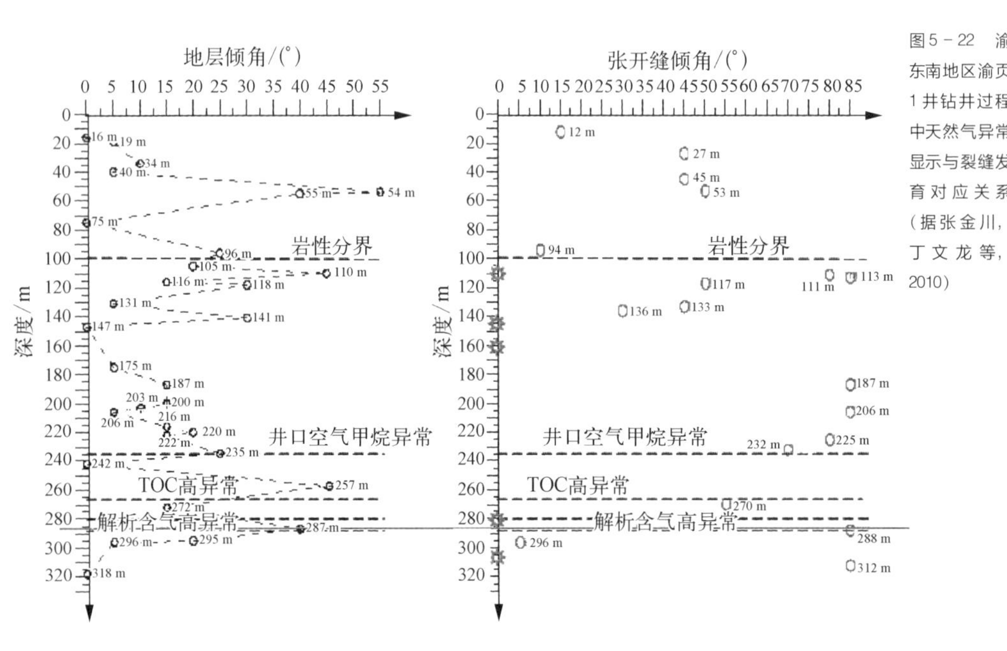

图 5－22 渝东南地区渝页 1 井钻井过程中天然气异常显示与裂缝发育对应关系（据张金川，丁文龙等，2010）

2. 裂缝发育与高气测和全烃含量值

钻井揭示出的泥页岩裂缝发育层段与气测和全烃含量曲线的高值相一致（图 5－23）。

3. 层面滑移缝与气测显示

泥页岩“层面滑移缝”发育的部位是页岩气富集的有利部位，气测显示很高（图 5－24）。其主要原因是发生过相对滑移的泥页岩层段，层面滑移裂缝发育，发生层面滑移的岩性界面具有较高的渗透率，可见，层面滑移缝可以有效改善泥页岩储

图 5－23 钻井泥页岩裂缝发育层段与气测和全烃含量曲线关系

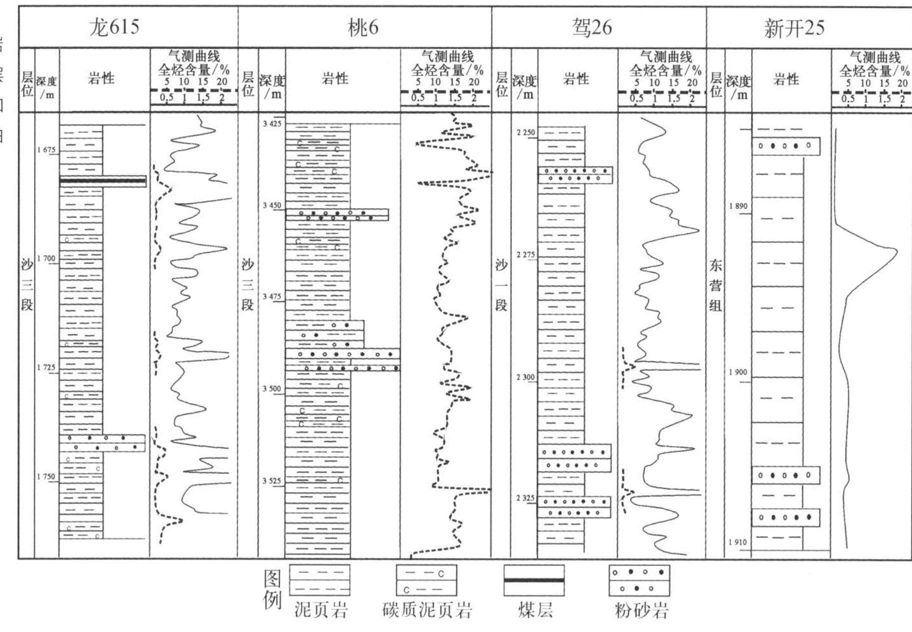

图5－24 鄂尔多斯盆地上古生界泥页岩渗透率统计(据张金功等，2010)

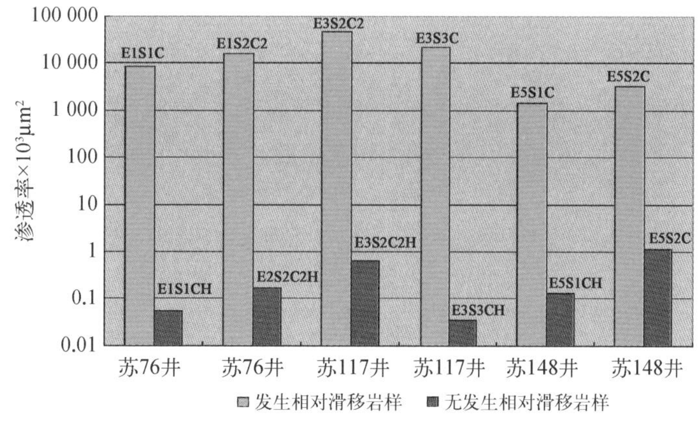

层的渗透性能(图 5－25)，具备良好的储集空间，在地下不易闭合。在岩心及薄片下，均可观察到未闭合的层面滑移缝，既可以为油气的聚集提供良好的储集场所，又可以提供沿着岩石层面的烃类流体的通道运移，运移过程中不断有晶体析出，具有持续性(张金功等，2010)。

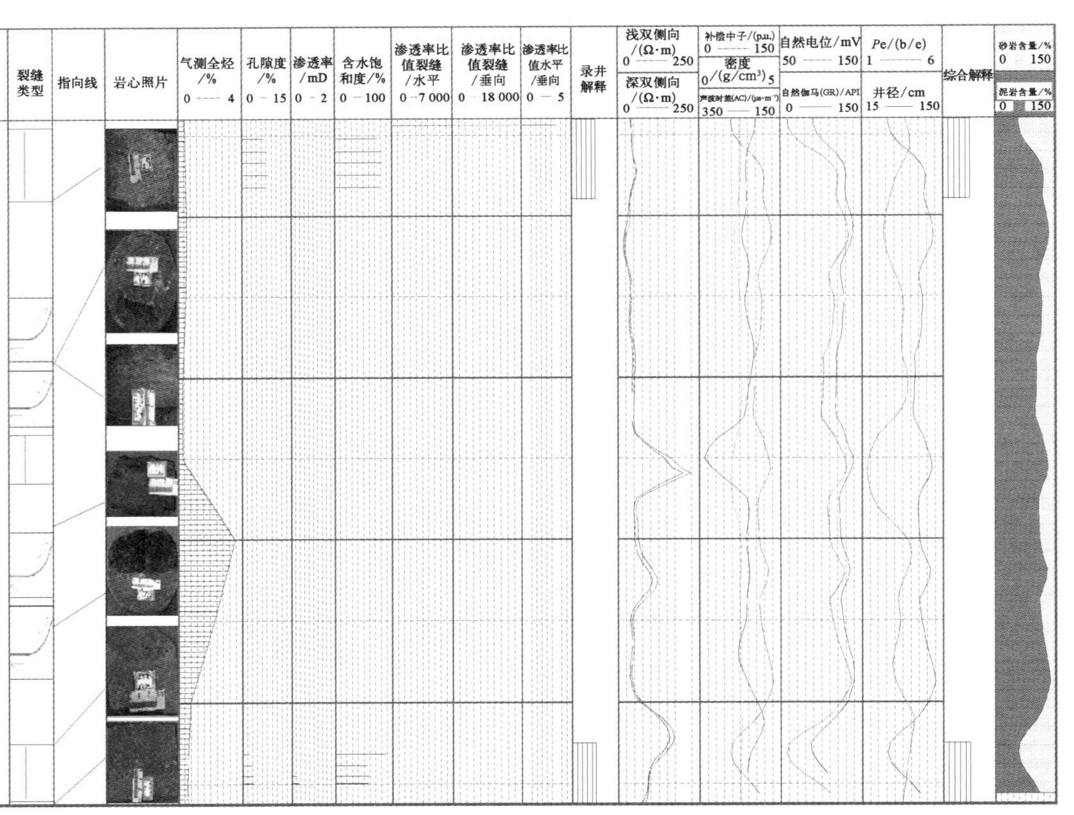

图5-25 鄂尔多斯盆地 E1 井，3 184~3 190 m，山西组层面滑移缝与气测显示(据张金功等，2010)

5.5.2 裂缝发育程度与页岩含气量的关系

从表5－4可以看出,页岩裂缝发育程度与总含气量和游离气量呈正相关关系,具体表现为页岩裂缝越发育,其含气量越大,气藏富集程度就越高,产气量就越高。这主要是由于页岩气藏特殊的产气机制与常规低渗气藏不同,页岩气在裂缝和基质中的流动机理是微小的基质孔隙中的气体向大孔隙和裂缝作扩散运动,遵循达西定律;而基质孔隙表面的吸附气不再是达西流,而是在一定压力下发生解吸,裂缝的发育则有助于页岩层中游离态天然气体积的增加和吸附态天然气的解吸,天然裂缝发育程度决定着页岩气藏的品质和产量高低。一般来说,页岩裂缝越发育的气藏,其品质越好,气藏的富集程度越高。如果天然裂缝发育不够充分,则需要进行压裂来产生更多的裂缝与井筒相连,为天然气解析提供更大的压降和面积,在页岩气的储存和开发中,特别是在其单井初期的高产中,裂缝起了相当大的作用;但如果裂缝规模过大,也会导致天然气的散失。

裂缝性页岩气藏属于非常规天然气资源范畴,可以是热裂解成因、生物成因或混合成因。热成因气在产生后主要被有机质吸附,然后通过页岩中的裂缝被排出,或是占据页岩中的孔隙空间。热成因型页岩气藏主要靠微裂缝扩散和聚集,断层和宏观裂缝起破坏作用,在热裂解生气阶段形成异常高压,沿着应力集中面、岩性接触过渡面所产生的裂缝系统,为页岩气藏的形成提供所需最低限度的储集孔隙度和渗透率。生物成因型气藏的形成与活跃的淡水交换密切相关,裂缝是地层水的通道,越是断裂发育的地方,地层水越活跃,而甲烷菌的生理活动也越积极,形成的气量也就越大,裂缝是页岩气的扩散和聚集途径,构造应力反而起积极作用。

北美地区那些已经投入开发利用页岩气藏的区域,往往天然裂缝系统比较发育,例如,Michigan盆地北部Antrim组页岩气生产带主要发育北西向和北东向两组近垂直的天然裂缝;Fort Worth盆地Newark East气田Barnett组页岩内部微裂缝发育,裂缝是页岩气从基质孔隙流入井底的必要途径,其可采储量最终取决于储层内裂缝产状、密度、组合特征和张开程度。

5.5.3 裂缝发育与页岩产气量的关系

裂缝的密度及其走向的分散性是控制页岩气产能的主要地质因素，裂缝条数越多，走向越分散，产气量越高（图5－26），开启的、相互垂直的或多套天然裂缝能增加页岩气储层的产量。美国东部地区产气量高的井，均处在裂缝发育带内，而裂缝不发育地区的井，则产量低或不产气。如Appalachian盆地页岩气富集区带Big Sandy气田泥盆系页岩气高产井多沿北东方向分布，与高角度多组裂缝发育紧密相关，裂缝不发育地区往往低产。

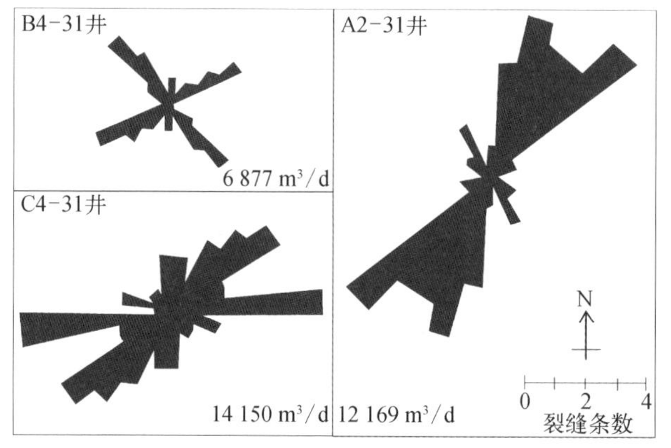

图5－26 Michigan盆地Antrim页岩裂缝特征及其产量对比（据Decker等，1992）

在我国四川盆地威远构造和长宁古构造上，大约有21口钻井在钻遇下古生界海相砂质页岩、钙质页岩、炭质页岩和黑色页岩层段时油气显示活跃，见气侵、井涌和井喷等。气显示较好的层段多为裂缝发育的钙质页岩、黑色页岩夹灰岩条带，为含气层，在一定范围内存在裂缝性页岩气藏，如阳63井在13 m黑色炭质页岩段获天然气产量为3 500 m^3/d，其中甲烷含量为96.4%；威5井在黑色炭质页岩层中获天然气产量为24 600 m^3/d。该地区目前页岩气显示良好或低产气流井均与裂缝发育密切相关。

第6章

页岩气保存条件

6.1 构造地质条件

影响页岩气藏保存条件的地质因素多种多样,主要包括盖层条件、构造活动、岩浆活动等。页岩本身既是储层又是盖层,因此对盖层的要求比较宽松,但是鉴于我国区域构造运动期次较多、强度较大等特点,页岩气藏的盖层就显得较为重要。褶皱、断裂等构造活动对页岩气藏保存的影响较大,强烈构造活动伴生的断层和宏观裂缝对热成因页岩气藏起破坏作用,不利于气藏的保存。而生物成因型气藏的形成与活跃的淡水交换密切相关,裂缝不仅是地层水的通道,也是页岩气藏的运聚途径,从这方面说,构造运动反而起积极作用。

6.1.1 构造运动与作用

由于构造运动才有了现在各种构造格局,构造运动一直存在,并且还正在影响着现在的构造格局,只不过其周期较长,人们本身难以察觉。强烈的构造运动,必然造成岩石的褶皱破裂,不仅破坏了岩石的连续性,而且造成地层倾斜、构造起伏。

构造条件是页岩气藏保存条件评价的一项非常重要的内容。构造活动不仅能直接影响泥页岩的沉积作用和成岩作用,还在很大程度上控制着页岩气藏的保存。构造变形的强度、应力场类型、规模和样式不同,对页岩气保存条件的影响就不同。构造形变强的地区,页岩气盖层被剥蚀并发育一系列叠瓦状逆冲断层及裂缝,页岩气封盖的保存条件差。相对构造变形弱的地区,页岩气盖层保存条件较好。一般说来,稳定构造区及压性应力场适于页岩气藏的保存;反之,构造活动区和张性应力场不适于页岩气藏的保存。对于游离型或水溶型(极少)页岩气藏,尽管因页岩具有超低孔超低渗的特征,但由于驱动动力与构造活动有极大的关系,气藏的保存条件有与常规页岩气藏相似的要求。构造产生的潜伏背斜,有利于页岩气的保存。在逆冲推覆带发育的页岩气,当构造样式主要为断弯褶皱和断展褶皱时,有利于页岩气保存成藏。

大中型褶皱对含气量也有影响。紧密褶皱地区的岩层往往是屏障层,有利于页岩层气的保存。大型向斜的含气量高于背斜。中型褶皱中,封闭条件较好时,背斜较向斜含气量高,封闭条件较差时,向斜部位含气量高。

长期活动的通天断裂带既是页岩气保存条件破坏最强烈的地区之一,又是不同区块的分区界线。在高大背斜带之间相对宽缓向斜背景中的低潜微幅度、低幅度构造有利于页岩气成藏与保存。

6.1.2 构造抬升剥蚀

构造导致的地壳抬升剥蚀可以使含气页岩层段之上的上覆岩层和区域盖层减薄或剥蚀,导致上覆压力减小,残余盖层的孔隙度、渗透率提高,也易使盖层的脆性破裂或已形成的断裂(含微裂缝)变成开启状态,降低盖层的封闭能力。如果抬升剥蚀的幅度较大,整个含气页岩段之上的盖层可能完全剥蚀,导致页岩含气段丧失盖层的保护。同时抬升剥蚀可以使页岩层埋深过浅而与地表大气水连通或由于断裂与地表沟通,一方面导致页岩含气段本身压力降低,游离气散失,进一步导致吸附气解吸,从而造成总含气量降低;另一方面由于氮气、二氧化碳具有更强的吸附性而置换甲烷,从而不利于页岩气藏的保存。

引起盆地后期隆升的原因很多,主要有:区域构造挤压作用不仅导致盆地构造反转,同时使盆地整体抬升;后期叠加变形产生的差异性升降,使盆地局部地区发生抬升和剥蚀;岩浆侵入产生的热穹隆构造,可引起局部地区的隆升。

地壳抬升作用可以分为两类:整体性抬升和差异性抬升。不同的抬升类型,对页岩气藏产生的破坏作用不一样。整体性抬升具有抬升范围大、抬升幅度小和地区间的抬升差异性小等特点,有利于页岩气藏的保存;而差异性抬升范围小、抬升幅度大和地区间的抬升差异性大,导致一些页岩埋深变得极小甚至出露地表遭受剥蚀,不利于页岩气藏的保存。

地壳抬升可使页岩气藏盖层压力和烃浓度封闭能力减弱;断层垂向封闭性减弱,甚至开启;地表水、游离氧和细菌直接作用于页岩气藏,使之遭到水洗、氧化和菌解破坏作用;气藏的天然气扩散损失量进一步增大,不利于气藏保存。

1. 地壳抬升对盖层封闭能力的影响

(1) 压力封闭能力

压力封闭是盖层封闭页岩气的一种特殊机理,它只存在于特定的地质条件下,即欠压实具有异常高孔隙流体压力的泥岩盖层中。这种盖层主要是依靠其内的异常孔隙流体压力来封闭游离相和水溶相页岩气的,异常孔隙流体压力越大,压力封闭能力越强;反之则越弱。盖层中异常孔隙流体压力大小可由式(6-1)计算来求得。

$$\Delta p = \rho_r z + \frac{\rho_r - \rho_w}{c} \ln \frac{\Delta t}{\Delta t_0} - \rho_w z \tag{6-1}$$

式中 Δp——盖层中的异常孔隙流体压力,Pa;

ρ_r——沉积岩平均厚度,g/cm^3;

ρ_w——地层水密度,g/cm^3;

z——盖层埋深,m;

c——盖层正常压实趋势线斜率;

Δt——盖层埋深 z 处的声波时差值,μs/m;

Δt_0——盖层埋深 z 处的声波时差值,μs/m。

由于地壳抬升,油气藏盖层上升,埋深减小,如果按照上述同样的假设,页岩气藏盖层的声波时差值 Δt 不变,由式(6-1)可得,上升之后的页岩气藏盖层的异常孔隙流体压力 Δp 减小,压力封闭能力降低,如图 6-1 所示。

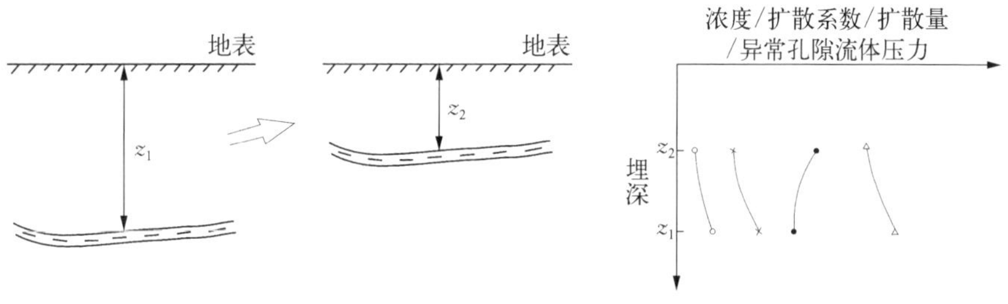

图6-1 地壳抬升与盖层各种封闭能力之间的关系(据付广等修改)

（2）烃浓度封闭能力

盖层的封闭作用按照盖层本身特征的不同，又可细分为抑制封闭和替代封闭两种作用。抑制封闭作用是由于盖层除具有生烃能力外，还具有异常孔隙流体压力，使其本身具有异常高含气浓度，因此生成的天然气在其本身高浓度作用下向下扩散从而阻止了下伏天然气通过盖层的扩散。盖层中异常含气浓度越大，其抑制封闭作用越强；反之则减弱。而替代封闭作用是由于盖层只具生烃能力，没有天然气向下扩散，不能阻止下伏天然气的向上扩散，但其生成的天然气向上扩散却能代替下伏天然气向上扩散运移，使其下伏扩散上来的天然气在其下游离出来。由于地壳抬升，页岩气藏盖层上升，埋深减小。如果埋深减小到小于泥岩的生烃门限后，其生烃作用停止，替代及抑制封闭作用减弱以致消失。然而，如果页岩气藏埋深仍大于其生烃门限时，对于抑制封闭，由于 Δp 减小，由式（6－2）可知，盖层中的异常含气浓度减小，抑制封闭能力减弱。

$$\Delta c = 0.0224\left[K_p\Delta p + \frac{(p+\Delta p)\Phi_i}{RT + b_m(p+\Delta p)} - \frac{p\Phi_i}{RT + b_m p} + \frac{b_m p^2 K_p}{RT + b_m p} - \frac{b_m (p+\Delta p)^2 K_p}{RT + b_m(p+\Delta p)}\right] \tag{6-2}$$

其中 $\Phi_i = 0.35\Phi_m$

$\Phi_m = 9.89834\times10^{-3} + 1.639\times10^{-6}t - 1.2579\times10^{-6}t^2 + 2.1292\times10^{-8}t^3$

$K_p = e^{-18.561+2133.89/T}$

式中 Δc——盖层抬升前后含气浓度差，m^3/m^3；

K_p——天然气平衡常数；

Φ_i——天然气有效间隙度；

Φ_m——天然气最大有效间隙度；

p——盖层处压力，Pa；

T——盖层所处温度，℃；

Δp——盖层中的异常孔隙流体压力，Pa；

R——摩尔气体常数，8.315 J/(mol·K)；

b_m——气体范德瓦尔斯体积，4.28×10^{-5} m^3/mol。

对替代封闭作用,由于埋深减小,生烃作用减弱,含气浓度降低,天然气替代扩散作用减弱,故替代封闭作用减弱,如图6-1所示。地壳抬升,导致页岩气藏盖层的上升出露、风化剥蚀,埋深的减小使得地层压力降低,改变了页岩气扩散的环境条件,使其扩散距离减小,页岩气扩散系数减小,页岩气扩散量增大,页岩气浓度减小,替代及抑制封闭作用减弱甚至消失。

盖层抬升遭受剥蚀,页岩气藏就可能被破坏。但是,地层的抬升剥蚀也使得水溶气出溶转变为游离气,只要区域盖层的整体封闭性未遭破坏,就有利于天然气的聚集与保存。

2. 地壳抬升对断层垂向封闭性的影响

所谓断层垂向封闭性是指在垂向上对断层与垂向分布的各层系内沿断层面切线方向顺断层运移页岩气的封闭作用。断层在垂向上的封闭主要是在上覆沉积载荷正压力作用下发生紧闭形成的,断层面正压力越大,断层面紧闭程度越高,垂向封闭性越好;反之则越弱。断层面上所受到的正压力大小应是其埋深、断层面倾角、区域主压应力的函数,如式(6-3)所示,埋深越大,倾角越缓,主压应力越大,断层面正压力越大,垂向封闭性越好;反之则越差。地层抬升会导致一系列后果。地壳抬升,页岩气藏盖层上升,埋深减小,如果断开页岩气藏盖层的断层产状在其上升过程中不变和区域应力场不变,即α、β不变,那么由式(6-3)可知,上升后断开页岩气藏盖层的断层其断层面所受到的正压力N减小,其垂向封闭性减弱,尤其是当其埋深减小到使断层面正压力小于泥岩塑性变形强度时,断层垂向封闭性将变得更差,以至于导致开启,页岩气散失。

$$N = N_1 + N_2 = (\rho_r - \rho_w) z\cos\alpha + \sigma_1 \sin\alpha \sin\beta \tag{6-3}$$

式中 N——断层面所受到的总正压力,Pa;

N_1——由上覆沉积物载荷重量引起的断面压力,Pa;

N_2——区域主应力引起的断面压力,Pa;

ρ_r——上覆沉积层平均密度,g/cm^3;

ρ_w——地层水密度,g/cm^3;

z——断层面埋深,m;

α——断层面倾角,(°);

σ_1——区域主压应力,Pa;

β——区域主压应力与断层走向之间的夹角,(°)。

3. 地壳抬升对页岩气藏水洗、氧化、菌解作用的影响

任何一个页岩气藏形成后,除了要受到后期的构造运动的改造和破坏以外,还要受到地表水冲洗、氧化和菌解破坏作用。地表水在重力或水压头的作用下,通过岩石孔隙或疏导层向地下深处渗滤循环,一方面可依靠本身的能量冲洗页岩气藏,使页岩气藏受到破坏,另一方面地表水在渗滤或循环过程中将地表的大量游离氧和细菌(尤其是喜氧细菌)带入页岩气藏中,氧和细菌对页岩气的氧化和菌解作用使页岩气藏遭到破坏。然而,地表水冲洗、氧化和菌解等对页岩气藏的破坏作用仅仅局限于地表附近,当页岩气藏埋深达到一定程度后这些破坏作用便明显减弱,甚至消失。

由于地壳抬升,页岩气藏盖层上升,埋深减小,当页岩气被抬升至地表水、游离氧和细菌活动范围内时,地表水、游离氧和细菌可以直接作用于页岩气藏,页岩气藏便遭到地表水冲洗、氧化和菌解作用,造成页岩气藏的破坏,而且随着页岩气藏至地表的距离减小,所受到的地表水冲洗、氧化和菌解作用越强烈,破坏程度越高,如图6-2(a)所

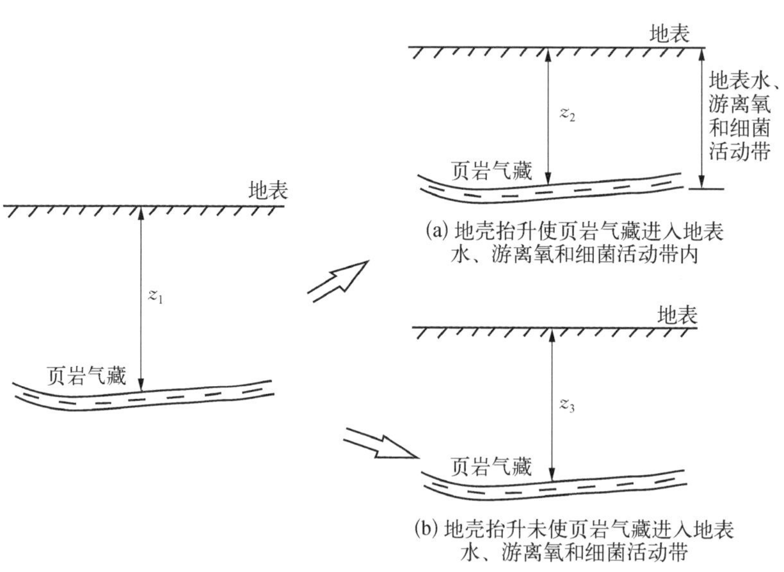

图6-2 地壳抬升与页岩气藏水洗氧化和菌解作用关系

示。相反,虽然页岩气藏上升,但未进入冲洗、氧化、菌解带,地表水、游离氧、细菌不能直接作用于页岩气藏,不能使其遭到冲洗、氧化和菌解作用,页岩气藏也就不能受到破坏,如图6-2(b)所示。当然,由于大气淡水的下渗,把氧气和微生物带入页岩层,可能有助于生物成因或生物再作用成因的页岩气藏聚集,因此需要视具体的地质情况而定。

6.1.3 火山活动

发生在页岩气成藏期内或成藏期以后的岩浆活动,对页岩气藏有破坏作用。若火山岩有规律地沿断裂分布,这些断裂都是盆地中长期活动的同生断层(特别是开启的断层),直接沟通烃源岩与储集层,并控制部分圈闭的形成,所以沿这些断层侵入的火山岩,必然对断裂两侧的页岩气藏和烃源岩烘烤破坏,导致页岩气藏的破坏。野外露头上就可见到岩脉对其周围的岩石有明显的烘烤现象。

岩浆活动对页岩气藏的破坏作用可表现为: ① 地下高温高压岩浆上侵,使已形成页岩气的气源物质遭受烘烤而发生沥青化、炭化等现象;② 岩浆体上侵产生巨大拱托,使泥岩角岩化而地层处于张性应力场,产生一系列张性断裂和大裂缝,进而使盖层封闭能力降低,甚至完全丧失封闭能力,从而使页岩气藏遭到破坏;③ 岩浆热隆使沉积盆地快速抬升而遭受显著的剥蚀,使盆地深层页岩暴露地表,页岩气藏彻底遭受破坏。

岩浆活动对页岩气藏的破坏可分为接触岩浆活动和区域岩浆活动对页岩气藏的破坏。接触岩浆活动是岩浆以岩床、岩墙、岩脉、岩株等呈不同的规模,侵入页岩或其围岩中,其具有较高的温度和较低的地层静压力。这种热力学条件加上岩浆携带的流体与地层水反应形成的气相流体,对页岩气藏的保存起到极大的破坏作用。区域岩浆活动是岩体主要以岩基形式侵入,由于体积大、温度高,侵入过程中可将附近岩石熔蚀而占据原有空间,当然也会对上覆岩层产生一定的挤压作用,但相对来讲强度不大。岩浆热流通过各种传导方式烘烤页岩地层。区域岩浆作用也具有变质温度较高和地层静压力较低的特点,但是其相对作用时间短。在这种变质条件下,页岩层及围岩通常处于张性构造应力场中,对页岩气的保存不利,但与接触岩浆活动相比,其破坏程度较轻。

6.1.4 断裂发育与开启性

断层带提供了天然气向上散失通道,并破坏盖层封堵能力。断层是影响天然气藏散失或封堵的主要因素,不论其性质是通天断层、潜伏通天断层,还是其延伸上端与地表岩溶淡水层下延部位相交的潜伏断层,均可形成局部天然气藏逸散系统,破坏圈闭的有效性。断层与气藏构造的交点为气水溢出点,即近似的气水界面,断层切割构造部位越高,破坏性越大。

大断裂影响缝洞系统保存条件的主要因素包括:大断裂断距、断层向上消失层位、断面倾角、盖层厚度以及缝洞系统所处断裂带位置等。利用数量化理论建立断层带不同部位缝洞系统保存系数的定量预测模型,可用于大断裂带保存条件的钻前预测。

断层对页岩气保存条件的影响主要取决于断层带的封闭性,表现在两方面:① 在纵向上断层两盘对置层中的页岩气能否穿过断面运移;② 在垂向上页岩气能否顺断面作垂向运移。这种因断层不封闭造成的页岩气运移,有可能破坏页岩气保存条件。

不同特征或规模不同断裂带及断裂带的不同位置,断层对页岩气保存条件的影响不同。压扭断裂具有封闭性,对页岩气具有封闭作用,张扭断裂具有开启性,不利于页岩气的保存。大断裂断距越大,应力作用越强,断裂对页岩气保存条件的破坏越严重。断裂向上消失层位不同造成页岩气保存条件的破坏程度不同。上覆层厚度大必然减缓页岩气向上逸散的速度。断面倾角差异对页岩气保存条件有不同的影响,断面倾角越小,断面上覆岩体作用于断面上的应力越大,就越容易使断面和断裂带裂隙岩体闭合,阻止页岩气向上逸散。相反,断面倾角越大,对页岩气保存条件的破坏作用越大。断层带不同部位的缝洞系统具有不同的保存条件。通常大断层中部保存条件较差,而断层消失端保存条件变好,这主要是由于断层中部断距较大、地表剥蚀严重等因素所致。

通过垂直断距可以探讨断层两侧及断层本身开启性的强弱。断层越陡,则视断距越接近于垂直断距,表现为断层两侧岩层的断开程度越高,将封盖层部分断开或全部断开的概率就大，断层表现出的开启性就强，对天然气藏的保存不利。在视断距一致的情况下，其垂直断距要小得多，断层两侧同一岩层错开的距离垂向上也就不大，对储盖层垂向上错位而失去封闭性的概率变小，因此，对下古生界盖层较为发育的地区，其内断层的开启通道作用变弱。

塑性岩集中发育层的断层开启程度降低。由于其塑性变形程度高，使断层的开启程度降低，并能给断层带来一定的封堵能力。断层的开启程度主要取决于这些盖层的厚度与断距的关系，当盖层厚度大于垂直断距时，断层对气藏的保存影响较小；反之则呈开启通道作用，破坏气藏。

对断层封闭性的研究，首先分析影响断层封闭性的因素，包括断层的力学性质、断层两盘岩性配置关系、断层泥的分布、断层面所承受的压应力分量、断层两侧岩层产状配置关系、封堵层泥岩百分含量以及断层活动期与页岩气运移期配置关系等，再利用模糊数学的方法，根据模糊变换和最大隶属度原则，考虑影响断层封闭性的各种因素所起的作用，进行综合评价。设所考虑的评价因素集合为 $U = \{U_1, U_2, \cdots, U_m\}$，式中，$U_1, U_2, \cdots, U_m$ 代表评价因素，m 为整数。评语集合为 $V = \{v_1, v_2, \cdots, v_n\}$，式中，$v_1, v_2, \cdots, v_n$ 代表评价级别，n 为整数。

在具体进行评价时，评语集合 V 用被评价断层集合 v 代替，$V = \{$断层 1，断层 2，…，断层 $n\}$。设单因素评判矩阵为 $R = [r_{ij}]m \times n$，其中 r_{ij} 为第 i 种因素对第 j 种评语的隶属度。实际隶属度通常根据专业知识，同时结合研究区实际情况来确定；又设单因素集合中各因素的权重 $A = (a_1, a_2, \cdots, a_m)$，确定权重系数 a_i 可以用德尔斐法、专家调查法和判断矩阵分析法，其中以判断矩阵分析法最为常用。模糊综合评判方程为 $B = AOR$，式中，O 为模糊运算符号，它取决于模糊综合评判采用的计算模型，主要有三种：① 主因素决定型；② 主因素突出型；③ 加权平均型。在断层封闭性综合评价中，采用加权平均型进行计算，即 $b_j = \sum a_i r_{ij}$，$(j = 1, 2, \cdots, n)$，$B = [b_1, b_2, \cdots, b_n]$ 为综合评判结果。其中，b_j 为所研究断层对等级 v_j 的隶属度。

每一条断层的 B 值求出之后，根据盆地实际地质特征建立全区评价标准，采用最大隶属度判别准则（即 B 值越大，断层封闭性越强）对断层封闭性进行综合评价。

断裂带构造活动年代及其流体化学-动力学响应也是研究断层活动规律与封闭

性的重要方法。断层规模大、形成时间晚（断裂地层新）对页岩气的保存不利。断层多期次的活动可能加强断层的渗透性并导致瞬间流体流动，控制断层封闭-开启的节律。

6.1.5 裂缝发育与充填程度

页岩中的天然裂缝有利于页岩气的运聚，但若裂缝过于发育，独立封闭体系就容易遭受破坏，页岩气就很容易通过裂缝散失，因此在构造运动频繁、断层和裂缝特别发育的地区，页岩气难以成藏，甚至不能形成页岩气藏。反之，则有利于页岩气藏的形成。通常在多期次、长时间的区域性大断裂活动的地区，巨型和大型裂缝比较发育，且存在大气水下渗的影响，导致其附近区域的页岩气藏保存条件较差。相对中型裂缝、小型裂缝和微型裂缝发育的地区页岩气藏具有较好的保存条件，这类裂缝不与外界沟通，不会导致页岩的散失，同时又提高了页岩自身的储集空间和渗流能力，有利于页岩气藏的聚集和保存。

虽然页岩本身既是储层又是盖层，对其盖层的要求比较宽松，但断裂对页岩气的保存影响较大。热成因型页岩气藏主要靠微裂缝运聚，断层和宏观裂缝起破坏作用，因此强烈的构造活动不利于该类型气藏的保存。而生物成因型气藏的形成与活跃的淡水交换密切相关，裂缝不仅是地层水的通道，也是页岩气的运聚途径，故构造运动反而起积极作用。生物成因型页岩气藏主要受地层水盐度和裂缝控制。

尤其值得注意的是，在地表以强烈褶皱为特征，发育一些裂缝被方解石、石英所充填。方解石脉和石英脉中发现了含二氧化碳的有机包裹体，这说明隐伏断裂已经对泥岩盖层封闭性造成破坏。裂缝较少、延伸距离短，裂缝宽度小，在裂缝充填物流体包裹体的分析测试过程中，没有发现有机包裹体、深部来源的流体包裹体，说明有较好的封闭能力。

非均一裂缝封堵面系指裂缝系统在纵横向延伸方向由于裂缝发育的不均一性所造成的封堵面，此为裂缝圈闭气藏的封堵面，主要受不同构造部位不同应力及强度的控制。

6.2 盖层与隔层封闭性

6.2.1 岩性组合与顶底板隔层

页岩气藏盖层对岩性的要求没有常规气藏严格。泥页岩和油页岩固然封闭性能良好,但富含水或气的灰岩和砂岩同样可构成良好的封闭条件。

若岩性组合在纵向上表现为泥岩、白云岩、页岩互层,由于泥岩、白云岩相对页岩密度大,较致密,不含水,故可作为封堵页岩气藏的顶底板,同时也能作为良好的隔层,所以,泥岩、白云岩、页岩互层是对页岩气藏保存较好的岩性组合。

滑动构造区软岩石顶板具有良好的页岩气保存条件,主要有以下两方面的原因:① 断层泥或张性角砾岩本身孔隙率较大,与胶结物黏结能力弱,作为页岩顶板能吸附较多的页岩气;② 软岩石顶板抗压强度低,且具有蠕变特征,遇水极易泥化膨胀。

页岩地层倾角大小也影响页岩气藏的保存:在页岩地层围岩封闭较好的条件下,倾角平缓的页岩地层中,气体运移路线长,阻力大,含气量相对大于倾角陡的页岩地层。

6.2.2 盖层与隔层封闭能力

页岩超低的孔隙度和渗透率使其本身就可以作为盖层,因此对于页岩气藏盖层的要求不像常规气藏那么苛刻。但是对于构造运动期次较多、强度较大的地区来说,页岩气藏的盖层条件研究不容忽视。良好的封盖层条件是页岩气藏得以有效保存的重要因素。在一些页岩气藏盆地,页岩上覆或下覆的致密岩石可对页岩气藏产生一定的封盖作用。自身盖层加上上覆地层垂侧向封堵的配合,增强了页岩气的保存。原型盆地沉积相带控制着盖层的封闭性质。

盖层对于页岩气藏的作用主要是维持吸附与解吸的平衡,减少游离气的逸散和减弱交替地层水的影响。泥页岩、盐岩、膏岩及致密碳酸盐岩等,透气性差,可以形成良好的封盖层从而可有效地阻止页岩气的垂向运移,有利于页岩气的保存。

盖层是决定保存条件好坏的首要因素。泥质岩盖层封闭能力形成时期只有与气源岩的大量排气期有效地匹配,才能封闭住气源岩排出的大量天然气,生排烃史与盖层形成演化史(包括剥蚀史)的匹配也是盖层评价的重要方面。可利用盖层和地表岩石的地球化学异常、流体包裹体地球化学性质研究深部流体对上覆地层的突破能力以及盖层的封闭能力。盖层物性较好,从泥岩孔喉分析可得出其具有分选差、细歪度等特征,说明盖层孔隙半径很小,孔隙分选性较差,突破压力较大,盖层具有较强的封闭能力。

根据盖层封闭的成因机制,可将盖层封闭机制分为常规封闭与非常规封闭。盖层封闭能力的大小主要取决于岩性和致密程度,通常蒸发岩封盖能力最强,泥岩越致密封盖能力越强。非常规封闭主要有压力封闭、成岩封闭、浓度封闭、焦沥青封闭及气水合物封闭5种。另外,盖层的白云岩化作用和溶解作用以及断裂活动都将致使盖层封闭性能变差。

通常从宏观与微观两个方面来综合研究盖层的封闭性。宏观因素包括岩性、单层厚度、累积厚度、沉积环境、成岩作用等;微观因素主要是盖层的岩石物性等参数。泥质岩的封闭性能与其成岩阶段有着明显的对应关系。一般在中成岩阶段至晚成岩阶段的 *A* 亚期时,泥岩的塑性最强,相应的封闭性能也最好。

页岩气的盖层也可分为直接盖层和间接盖层。直接盖层是指页岩层及其上下岩层是页岩气藏的直接盖层,岩性主要为泥页岩和泥质粉砂岩,这些岩层的岩性、物性以及物性之间的差异性决定了页岩盖层的封闭能力,可以通过页岩的孔隙度、排驱压力等来定量地研究页岩盖层的封闭能力。间接盖层是指岩性主要为碳酸盐岩、膏盐层和泥质岩。这些区域性盖层的存在维持了其下页岩层系的压力体系,致密膏盐、灰岩层可以把页岩气封闭在相对较软弱的炭质页岩层内。特别是构造变形强烈区域,具有塑性强、易流动特点的膏盐层,其可以变形吸收应力,产生断裂滑脱作用,从而使构造变缓,减小断裂通天的概率,且其本身封盖能力也强,能对页岩气藏起到良好的封闭作用。

含气系统的保存需要一个立体空间上的封闭保存体系,区域盖层和直接盖层的封闭保存功能不同,前者主要是构建一个封闭保存体系,后者直接遮挡或抑制天然气的扩散与渗漏。

不能简单地将区域盖层理解为一套非渗透性岩系，事实上区域盖层是指含气系统上方对整个含气系统起保护作用的沉积岩系。区域盖层的功能不在于它对天然气的遮挡而在于它对页岩气系统有保护作用。它甚至不直接封存页岩气，直接封盖页岩气的是被区域盖层保护的致密岩层或弱渗透性岩层，即直接盖层。所以，区域封盖层通常需要有一定的分布范围，有一定厚度，可以是一套砂泥岩组合，也可以是一套砂泥岩与碳酸盐岩地层的交互组合。区域盖层岩系的厚度一般为500 ~ 3 000 m不等，具体厚度与其岩性组合、形成时间、成岩作用强度、构造变形强度及抬升剥蚀幅度等有关。区域盖层体系本身通常是一种开放体系，无异常压力存在，地层水与地表水处于交替状态，一般为自由交替带和交替阻止带。但正是由于它的存在才保护了页岩气系统不被破坏并使直接盖层发挥封闭保存功能。

直接盖层是构成页岩气系统和形成页岩气藏的内部要素，其封盖性的好坏取决于岩性、物质成分、孔隙结构等。对脆性岩石来说，突破压力大小与其他条件配套决定着天然气藏是高压还是低压，决定气藏的幅度和规模。对柔性地层（如泥页岩）来说，岩石成分起决定性作用，如伊/蒙混层比高，其岩石的柔性增加，封闭功能增强。脆性化的泥页岩往往起不到好的封盖作用。盖层按其封盖机制可分为岩性盖层、浓度盖层、压力盖层和复合盖层。对天然气藏来说，直接盖层通常是由岩性、烃浓度、压力三者构成的复合盖层，而非单一的岩性盖层。我国大、中型气田的直接盖层大部分为复合型盖层。

强度低、变形大且塑性软化特征强的软岩石容易形成封闭条件好的盖层。泥质岩的黏土矿物成分、成岩压实作用程度对盖层封闭能力有重要影响。黏土矿物成分主要有高岭石、绿泥石、伊利石、蒙脱石、伊/蒙无序间层、伊/蒙有序间层。黏土矿物随着埋深加大，压力和地温的增高以及黏土矿物层间水的释放和层间阳离子的移出，黏土矿物之间将发生转化作用。黏土矿物纵向演化的正常转化型为：由浅至深，表现出明显的蒙脱石→伊/蒙无序→伊/蒙有序→伊利石、绿泥石、绿/蒙混层的完整演化序列（图6－3）。通常有效封闭能力盖层以蒙脱石、伊/蒙混层、绿/蒙混层为主，即一般在中成岩阶段至晚成岩阶段的A亚期时，泥岩的塑性最强，相应的封闭性能也最好。随着埋深增加，成岩作用的演化程度不断增强，伊利石含量逐渐增加，高岭石含量逐渐减少，并在一定深度消失，绿泥石增加。矿物组合从上至下呈现较为明显的分带性，可

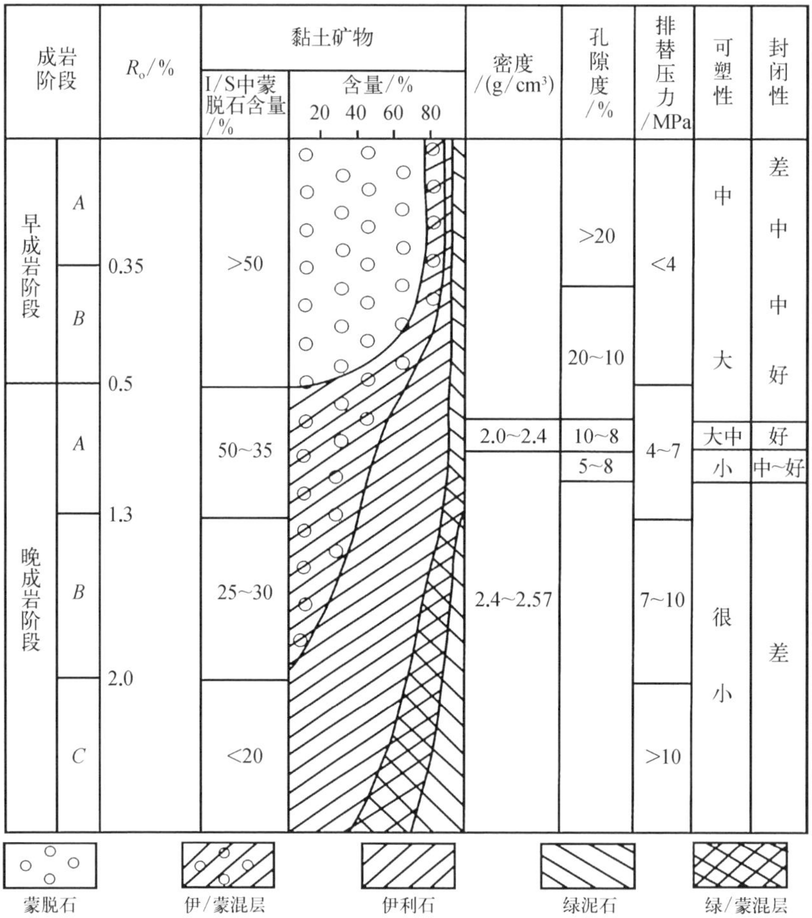

成岩阶段		R_o/%	黏土矿物 I/S中蒙脱石含量/%	黏土矿物 含量/% 20 40 60 80	密度/(g/cm³)	孔隙度/%	排替压力/MPa	可塑性	封闭性
早成岩阶段	A		>50			>20	<4	中	差 中
	B	0.35				20~10		大	中 好
晚成岩阶段	A	0.5	50~35		2.0~2.4	10~8 5~8	4~7	大中 小	好 中~好
	B	1.3	25~30		2.4~2.57		7~10	很小	差
	C	2.0	<20				>10		

蒙脱石　伊/蒙混层　伊利石　绿泥石　绿/蒙混层

图6-3　泥岩封闭性能演化模式(据马力等，2004)

划分为蒙脱石带、伊/蒙无序间层带、伊/蒙有序间层带和伊利石带。因此，蒙脱石不断转化为伊/蒙混层、绿/蒙混层，且伊利石、绿泥石的相对含量不断增加，对页岩气藏的封盖作用也不断减弱。所以，刚沉积下来的泥质沉积物，由于原始孔隙度与含水量高，其毛细管封闭能力较弱或没有封闭能力。随着埋深增加，上覆沉积载荷加大，压实成岩作用加强，使其内黏土矿物颗粒排列愈加紧密，泥岩孔隙度降低，孔喉半径减小，导致毛细管渗透能力减弱，排替压力增大，达到某一阶段才开始具备封闭能力。泥质岩石中膨胀性矿物越多，其封阻能力越强。当泥岩渗透率降低到 10^{-3} μm²，排替压力达到2.0 MPa时，才能依靠毛细管力较好地封闭页岩气，因此，可将排替压力作为泥岩盖层开始依靠毛细管力较好封闭页岩气的门限。可以认为，泥岩欠压实开始形成时期即为泥岩盖层压力封闭开始形成时期。但是，当泥质岩随着压实成岩程度的进一步增强（晚成岩阶段 B 亚期以后），由于泥质岩中富含结合水的蒙脱石含量减少，泥质岩的可塑性逐渐下降，内部异常高的孔隙流体压力逐渐释放，直接变为脆性，此时极易受构造应力作用产生裂缝，使其封闭能力变差。盖层对页岩气的封盖作用，不仅要求有较强的微观封闭能力，而且还要求在空间上具有一定的厚度和横向分布范围。盖层分布受不同时期基底构造格局和沉积环境的制约。

页岩气藏盖层也可以通过页岩气浓度实现封闭作用，它主要依靠页岩内高的气浓度来阻止页岩气的扩散。

由于受多种因素的影响，盖层的封闭性在平面上是有变化的，因此需要定量研究盖层封闭性平面变化特点。可以利用地震层速度资料来评价盖层的封闭性能。分析统计资料发现，孔隙度与地层声波时差之间存在如下关系：

$$\Delta t = A\phi + B = 1/v \quad (6-4)$$

式中　Δt——声波时差，μs/m；

ϕ——岩石的孔隙度，%；

A,B——与地区有关的常数；

v——声波速度，m/μs。

显然，声波速度越大，岩石孔隙度越小；反之则越大。

孔隙度反映了岩石本身的致密程度，决定了其封闭性。陈章明（1993）研究发现，在正常压实条件下，泥质岩排替压力与孔隙度之间呈明显的反比关系，即

$$p = a/\phi + b \quad (6-5)$$

式中，p 为泥质岩排替压力，MPa；a,b 为与地区有关的常数。

显然，在正常压实条件下，泥质岩排替压力与声波速度之间成正比关系。

地震层速度与声波速度属性相同，只是获取的手段不同，它们在数值上存在一个系统误差。只要对地震层速度进行适当校正，然后代入声波时差与排替压力之间的关系式中，即可以利用地震层速度资料计算得到盖层排替压力值。

从动态平衡的观点来看,天然气之所以被保存而聚集成藏,是因其上覆盖层的突破压力大于或等于气藏向上逸散的动力(浮力、水动力和剩余压力)。在不考虑水动力和浮力的作用时,简单地讲,只要存在突破压力 p_A > 剩余压力 Δp,天然气就可以封盖于盖层之下。然而,盖层的突破压力是与岩石的孔隙结构密切相关的。

大量的统计研究发现,盖层孔隙度、渗透率、密度、比表面积和孔隙中值半径等参数与排替压力之间有着较明显的函数关系,这说明这些参数在盖层评价中所起的作用完全可以由排替压力来代替。盖岩排替压力越大,物性封闭能力越强;反之则越弱。根据目前的研究,盖岩排替压力的获得有实验和计算两种基本方法。目前对盖岩排替压力的测试基本上采用三种方法,即吸附法、压汞法和直接驱替法。

泥岩中砂质含量的多少反映了当时的沉积环境。沉积环境动荡,水动力能量强,横向上泥岩的岩性和厚度变化就大。从宏观上看,其封闭性变差;反之则变好。因此,盖层的形成必然与一定的沉积环境有关。宏观上,砂层及其他岩性夹层含量大于地层厚度的 25% 时泥岩盖层的封盖性能变差。反之,如砂层含量越小,封盖性能越好。同一沉积环境中,不同相带泥岩中砂质隔层的多少也影响着泥岩盖层的质量。泥岩中隔层越多,泥岩盖层的非均质性越强。泥岩中砂质隔层厚度越大,泥岩的单层厚度相对越小,因而影响泥岩盖层的质量。通过分析,河道充填亚相带的泥岩中砂质隔层数多,隔层厚度大,其封盖性最差;而洪泛平原亚相带的隔层数少,隔层厚度小,其封盖性能最好;河道边缘亚相带介于两者之间。此外,曲流河对应相带的封盖性能好于辫状河的对应相带。总之,由于沉积环境改变,相带相应而变,就影响到泥岩的厚度和质量。又由于环境和相带的变化,决定了泥岩中石英、长石含量的多少,使泥岩孔隙中值半径变化,进而使泥岩的突破压力变化,必然造成泥岩盖层质量的变化。

根据胜利油田地质研究院泥岩压实研究表明:600 ~ 1 700 m 是泥岩的稳定压实阶段,随埋藏深度增加,粒间孔隙度从 25% 逐渐降至 19%,密度从 2.03 g/cm^3 逐渐增大至 2.18 g/cm^3。说明埋藏深度对浅层泥岩盖层质量的影响很大。根据埋藏深度与泥岩突破压力的相关分析,埋深与突破压力存在良好的正相关性,其回归方程为

$$p_A = 0.156 \times e^{0.00142305 \times H} \tag{6-6}$$

式中，p_A为突破压力，MPa；H为埋藏深度，m。

6.3 水文地质条件

地下水是地下流体的重要组成部分，其地球化学性质是地质体演化过程的记录与结果，地下水水文地质地球化学性质与页岩气的运移、聚集和页岩气藏的破坏存在密切的关系。水文地质环境总体上控制着页岩气藏区域保存条件的优劣。因此，水文地质条件的研究对页岩气藏的保存非常重要。

6.3.1 区域水动力条件

区域水动力条件是评价页岩气藏整体封存能力的一个重要指标。水动力场对页岩气保存起着至关重要的作用。水动力的强弱是页岩气成藏与保存的重要条件，当水动力较强时页岩气会被推动前进，即使形成页岩气藏也会遭到破坏，只有在水动力较弱的地区才能聚集成页岩气藏。

在含页岩气盆地中存在着两种不同成因的水动力系统，即沉积承压水动力系统和渗入水动力系统。前者的压力主要由上覆沉积盖层的负荷形成，其压力值介于静水压力和地静压力之间，主要是因为上覆地层重量引起的地静压力迫使黏土类岩石发生脱水作用，作离心流；后者是由于盆地周边地区受现代大气降水和地表水渗入后形成的，主要作向心流，其压力接近静水压力。

研究地下水与页岩气性质的关系，首先要了解地下水类型，不同类型的地下水对页岩气成藏可能起到相反的作用。一般而言，沉积成因水往往是从坳陷中心向隆起方向运移，从高势区向低势区运移，这往往有利于页岩气成藏。但这也不是绝对的，当地静压力过大，使地下水运移速度过快时，也可以对先前页岩气藏起到破坏作用；而对地表渗入水来说，如果水动力过高，其往往容易对页岩气藏起到水洗作用，使页岩气藏遭到破坏。

地下水峰面附近，水动力系统和地层压力系统的能量趋于平衡，因此地下水处于滞留状态，无法携带页岩气继续运移，页岩气只能止于地下水峰面以里，即盆地（或凹陷）内侧。该范围中，水文地质封闭程度都比较高，处于还原与弱氧化环境，如果具有良好的圈闭，页岩气都有可能富集成藏。而在地下水峰面以外的地区，即盆地（凹陷）外侧，基本上属于无含页岩气远景区。但由于地层、构造、地理环境等各方面的差异，各地区水动力系统是极其复杂的。

水动力是页岩气藏形成的重要驱动力。在盆地内，当两种不同性质的水动力达到平衡时，地下水处于阻滞状态，往往能富集形成页岩气藏。这主要在于水文条件的变化直接影响页岩储层压力，从而导致页岩气的富集或解吸。

水化学场与水动力场密切相关，水化学成分与水动力条件存在着密切关系，水动力场与水化学场是水文地质过程中统一体的不同表现形式（李伟等，2006）。从盆地的供水区到排泄区，沿着地下水的运动方向，水化学成分发生有规律的变化，即矿化度由低到高，阴离子从 HCO_3^- 为主转变为 Cl^- 为主，阳离子由 Ca^{2+}（Mg^{2+}）为主转变为 Na^+ 为主。因此，通过含页岩气盆地区域水化学场特征的研究，可以揭示盆地内水文地球化学规律及其与水动力场的配置关系。

在天然气存在的情况下，处于抬升剥蚀阶段的地区，地下水动力场可以受到天然气的影响。在天然气藏开始形成后，由于保存条件的破坏，交替阻滞带以上天然气逐渐漏失，地层流体能量降低，促进了大气水的下渗交替。交替阻滞带以下，由于天然气从下伏、下倾方向地层中的运移补给，即使有少部分漏失的情况，但由于地层能量较高，阻碍了大气水的下渗，使得区域水动力场被破坏，流体动力场被自由下渗带的底界分割成两个部分。上部为被地形控制的大气水下渗循环交替带；下部为天然气从下伏、下倾方向运移补给，顶部和侧向可能存在小部分漏失的封闭带。随着时间的延长，天然气运移补给的数量逐渐减少、消亡；气藏中的天然气逐渐漏失，大气水下渗侵入深度增加；最终天然气完全散失，地下流体动力场成为单相水动力场。

大气淡水可以通过垂向渗入和露头侧向渗入两种形式渗入地层：如果上覆盖层裂隙发育，地表水就会通过盖层缓慢下渗进入地层，并在地层剖面上表现出水文地质垂直分带性；大气淡水也可以通过露头区侧向渗入盆地深层，影响地层水性质。通常在大气水下渗区，渗入水与沉积水交替频繁，且水-岩反应时间短，地下水化学组分浓度普遍较低。如果某些层位孔隙度和渗透性较好或侧向遮挡差，则地表水可以向盆地内渗入较远，从而使邻近露头区的某些局部构造的相应目的层段保存条件变差，甚至可能造成页岩气的完全溢散。另外，如果盆地一侧供水，另一侧泄水，地层水穿过盆地内部进行运动，这种大气水下渗重力导致的穿越流对页岩气藏的调整、破坏影响非常显著。这种现象在中国南方海相地层区尤其普遍，该地区曾经历多期构造运动，且剥蚀强烈以至于下古生界都已大面积出露于地表。

中、高温温泉是断裂活跃、大气水下渗强烈、地层封闭性差、地下较深部流体热能在地表出露的象征，因此温泉出露，不利于页岩气的保存。

对于经历了多期次水动力演化的古老地层来讲，大气水的下渗深度对页岩气藏的保存条件影响比较大。大气水下渗深度有古大气水下渗深度和现今大气水下渗深度之分。古大气水下渗深度对页岩气藏的保存破坏较小，这主要取决于古大气水下渗之后是否经历再沉积、生烃及是否有新的盖层分割，而现今大气水下渗深度对页岩气藏有比较强烈的破坏作用。根据大气水下渗深度又可以划分为大气水下渗区、地下水径流区和区域地下水流动区。在大气水下渗区大气水下渗可以使原生沉积水被淋滤、冲刷，从而使页岩气藏彻底破坏，此区页岩气藏的保存条件最差。可以通过大气水在纵向上的下渗深度和横向上的循环距离来评价页岩气藏保存条件的破坏范围，其主要受控于区域地质条件、大断裂的活动期次和深度、地形和出露地层等因素(图6-4)。区域地下水流动区域相对有利于页岩气藏的保存。该区域的地层水与外界沟通较少，有区域性的隔挡层与大气水下渗区隔开。因此，该区域地层水具有较高的矿化度，能维

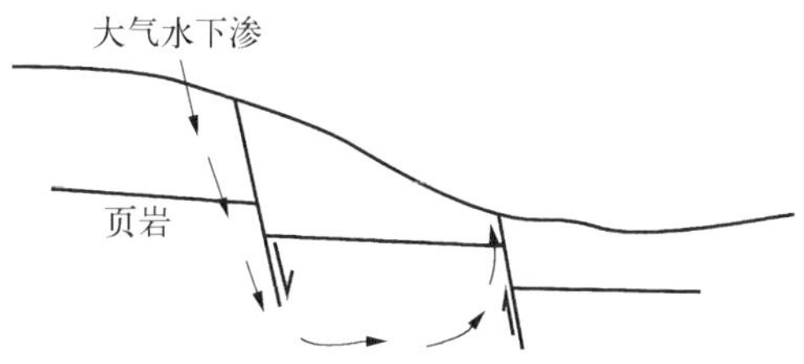

图6-4　大气水下渗对页岩气藏的破坏作用

持一定的压力系统，是页岩气藏保存条件较好的区域。地下径流区的页岩气藏保存条件较差，介于上述两种水动力单元之间。

地下水与地表水或多或少存在联系，一般情况下，越靠近地表，与地表水联系也就越密切；相反，埋藏越深，与地表水联系越差。因此可以根据两者相互联系的程度，在纵向上与横向上将地层水划分为 3 个不同的水文地质垂直分带，即自由交替带、交替阻滞带（交替过渡带）和交替停止带。在自由交替带内，由于地表水的大量渗入，成为活跃并开启的氧化环境，页岩气藏往往受渗入水的"冲刷"破坏而难以保存；交替停止带因地表水难以渗入，从而成为页岩气藏保存条件的有利封闭环境；交替阻滞带则介于自由交替带和交替停止带之间，在该带的下部具备一定的页岩气保存条件。

在构造褶皱强度高的地区，地层沿背斜轴部多已剥蚀，成为地表水的渗入带，因而渗入水影响范围较深。出露地层老的构造，渗入水影响程度高；地表有断层的构造，渗入水影响程度高。在高陡构造褶皱带中，地层倾角大，渗入水水力坡度大，影响的深度相应较深。在狭长的向斜区，渗入水压降大，地腹及窄向斜内构造主要产淡水，页岩气藏保存条件差。而范围较广阔的宽向斜或小"盆地"，其内部存在良好的页岩气藏保存条件。广泛的出露也是造成渗入水影响范围深的主要原因。

随着盆地构造沉积的演化，地下水动力场演化具有多期性，即水文地质旋回性。对于页岩气藏的形成保存而言，每个水文地质旋回还可以划分为盆地沉积埋藏阶段的泥岩压实水离心流阶段和抬升剥蚀阶段的大气水下渗向心流阶段，前者是页岩气藏形成的主要阶段，而后者则为页岩气藏的调整和破坏阶段。

随着地壳升降运动的交替进行，在地史过程中可相应地形成沉积作用和淋滤作用两种水文地质期的交替发展。如果第一沉积作用水文地质期形成的含水层，在第一淋滤作用水文地质期遭受剥蚀而暴露于当时的地表，接受大气水的淋滤淡化作用；在第二沉积作用水文地质期，当第二次沉积的厚度超过第一淋滤作用水文地质期遭受的剥蚀厚度时，由于上覆沉积加厚，地层静压力增加，该含水层上下的泥质地层进一步压实，其中的沉积水必然会继续挤入含水层。地层压实排出水逐渐驱替淋滤作用下渗的大气水。这一过程可以一直延续到很深，直到黏土层不再被压实时为止。因此第一沉积作用水文地质期含水层中沉积水的形成时期，不应止于第一沉积作用水文地质期结束,它可以延续到随后的第若干个沉积作用水文地质期,其中也包括若干次古渗入大气水的影响。如果沉降沉积的厚度不能超过前期的剥蚀厚度,不整合面下的储层就不可能得到其相邻层段泥质岩压实排出水的补给,抬升剥蚀阶段形成的下渗大气水也就不能被沉积埋藏水驱替,储层里的地层水保留了古大气水或受古大气水严重影响的地层水。这种情况下不整合面附近的封存大气淡水应该可以被认为是页岩气藏被破坏和保存条件差的标志。

6.3.2 地层水化学性质

地层水化学性质是反映地下水动力条件的重要指标,研究地层水化学性质对于分析页岩气保存条件具有重要意义。一般情况下,一个地区地层水矿化度越高,说明其所处的水动力环境封闭越好,与外界或者浅处水的交替作用就越弱,页岩气保存条件就越好。断层十分发育的地区,垂向水动力交替较强,导致矿化度降低。特别是通天断裂的存在,使地表水沿断层下渗,形成供水区,地表水与地层水发生强烈的交替作用,造成地层水的淡化。远离供水区,这种交替作用逐步减弱。

地层水作为含页岩气盆地流体的一个主要组成部分,其活动及性质直接或间接指示盆地流体系统的开放性和封闭性,与页岩气的生、运、聚、散过程有着十分密切的关系。

页岩气富集和保存的复杂的物理化学过程,也会反映在地层水的某些化学性质上,而这些信息必然在纵横向上表现出来。因此可以用某些水化学特征指标或指标的集合来反映地层水所处的环境,进而来评价页岩气的保存条件。

1. 地层水矿化度指标

地层水的总矿化度是指水中各种离子、分子、化合物的总含量,是地理地质环境变迁所导致的地下水动力场和水化学场经历漫长而复杂演化的反映,它与古沉积环境、蒸发浓缩程度、地层水来源等因素有关。地层的水矿化度是由沉积环境、岩石性质、成岩作用、水化学作用及构造活动等多种因素控制的。不同的水化学性质反映出不同的地质环境和页岩气保存条件。

四种地层水矿化度指标：① 未破坏型页岩气藏地层水。此类型页岩气藏的地层水具有高矿化度，其水型为 $CaCl_2$ 型。该类水型一般位于地质结构稳定的页岩气藏，顶层封闭好，隔层分隔也好，属于水文地质停滞带，有利于页岩气的存在，因此，$CaCl_2$ 型水是含页岩气的直接标志。② 微弱破坏型页岩气藏地层水。此类型页岩气藏地层水主要为 $NaHCO_3$ 型，具有较高的矿化度（4 500 ~ 12 000 mg/L）。$NaHCO_3$ 型水是半封闭地层水常见的水型，当水的总矿化度较高且水中 Cl^- 和 HCO_3^- 又占优势时，则是含页岩气的直接标志。③ 不均一破坏型页岩气藏地层水。此类型页岩气藏地层水主要为 $NaHCO_3$ 型，具有较低的矿化度（2 000 ~ 7 000 mg/L）。④ 构造破坏型页岩气藏地层水。该页岩气藏地层水多为 Na_2SO_4 型，也有 $NaHCO_3$ 型水和 $MgCl_2$ 型水存在。其矿化度值变化范围大（5 000 ~ 55 000 mg/L）。该类水型一般多发现于盖层封闭差、畅通的水文地质地带及保存条件不好的地层中。

可以看出，上述四种类型地层水反映了页岩气藏保存与破坏情况。总体来讲，水矿化度越高、水型为 $CaCl_2$ 型的地层水对页岩气保存有利；相反，水矿化度越低、水型为 $NaHCO_3$ 型的地层水对页岩气保存不利。

然而，环境对水化学成分并非是必要条件，而只是一个充分条件。某一种特定的环境可以形成某种类型的水，因此不能绝对地说某种类型的水就只能形成于某一特定环境。如深成环境可以形成 $CaCl_2$ 型水，但 $CaCl_2$ 型水的出现不见得一定要在深成环境，我国西北一些盐湖的地表水为 $CaCl_2$ 型水就给予了证明。因此 $CaCl_2$ 型水出现在较浅处是不足为怪的，同样 $NaHCO_3$ 型水也可出现在不同部位。

2. 地层水化学特征参数指标

常用的地层水化学特征参数，是判断气藏保存条件的重要参数。主要有钠氯系数、脱硫系数、氯镁系数和钙镁系数等。

① 钠氯系数（r_{Na^+}/r_{Cl^-}），即水中 Na^+、Cl^- 的当量数比值。它可以反映地层水的浓缩变质作用程度和地层水文地球化学环境。一般认为，地层水封闭越好、越浓缩，变质作用就越深。若 r_{Na^+}/r_{Cl^-} 比值小，则代表比较还原的水体环境，有利于页岩气藏的保存。钠氯比（r_{Na^+}/r_{Cl^-}）小于 0.85，无论是海相地层还是陆相地层，其地层水均可能为变质的沉积水和高度变质的渗透水，地层水处于较停滞的还原状态。钠氯比越大，反映地层水中渗入水的影响增强，不利于页岩气藏的保存。根据博雅斯基（1970）的说

法,钠氯比大于0.85为流动水特征,小于0.50则为停滞环境特征。

② 脱硫系数($100 \times r_{SO_4^{2-}}/r_{Cl^-}$)是页岩气藏保存条件好坏的环境指标。地质环境中,越接近页岩气藏,SO_4^{2-}越少。在封闭良好的页岩气藏地层水中,几乎不含SO_4^{2-}。因SO_4^{2-}能与页岩气相互作用,使页岩气氧化产生CO_2,同时硫酸盐被还原,生成硫化氢气体。据国内外的大量研究表明,脱硫系数为1可以作为还原条件好坏的界限指标。脱硫系数小于1,通常表明地层水还原彻底,封闭条件良好;反之,则认为还原不够彻底,封闭条件不佳。若地层水中大量存在SO_4^{2-},对页岩气藏保存不利。

③ 氯镁系数($r_{Cl^-}/r_{Mg^{2+}}$)是反映浓缩变质作用和阳离子吸附交换作用的重要参数。通常认为氯镁系数越大,地层水封闭性越好、封闭时间越长,浓缩变质作用越深,越有利于页岩气的聚集和保存。研究表明,含气区地层水氯镁系数值一般大于5。

④ 钙镁系数($r_{Ca^{2+}}/r_{Mg^{2+}}$)也是表征浓缩变质作用和阳离子吸附交换作用强弱的重要参数之一。白云岩化作用越强、时间越长,地层水中Mg^{2+}含量变得很小,浓缩变质程度变大,钙镁系数增加,地层水封闭性就越好,就越有利于页岩气藏的保存。一般来说,地层水的钙镁系数大于3,封闭条件良好,利于页岩气成藏。

各种研究结果证明,在用地层水化学特征判断页岩气藏保存条件时钠氯比、脱硫系数是判断页岩气藏是否遭受构造破坏的前提指标。

盖层条件、断层和风化剥蚀面及构造都直接影响着地层水的化学性质。盖层条件好,可以有效地阻止地层水的自由交替,降低水文地质的开启程度,提高地层水的矿化度。盖层厚度大的地区,地层水矿化度相对较高。断层和风化剥蚀面作为地表水向下渗流的通道,一方面造成了渗入水与地层水的交替,另一方面促进了渗入水和交替水对岩石的溶蚀作用。构造对地层水化学性质的影响取决于地层水的开启程度,即与断层的大小、距断层的远近和风化剥蚀面的范围有关。受构造活动影响强烈的地区地层水矿化度相对较低,为水交替低矿化区,水型以$NaHCO_3$型为主。而对于构造活动稳定区,地层水矿化度相对较高,为受渗入水中矿化区到沉积封存高矿化区,水型以NaCl和Na_2SO_4型为主,页岩气保存条件好。在此给出一套比较系统的页岩气保存条件的水文地球化学综合判别指标体系(表6-1)。

表6-1 页岩气保存条件的水文地球化学综合判别指标体系

保存条件	地层水成因	矿化度/(g·L^{-1})	变质系数	脱硫系数	盐化系数	水型		水文地质分带
						苏林	苏哈列夫	
很好(Ⅰ类)	沉积埋藏水	>40	<0.87	<8.5	>20	$CaCl_2$为主，$MgCl_2$次之	Cl－Na	交替停滞带
好(Ⅱ类)	短暂受大气水下渗影响	30～40	0.87～0.95	8.5～15	1～20			
中等(Ⅲ类)	较长受大气水下渗影响	20～30	0.95～1.0	15～30	0.2～1.0	$CaCl_2$为主，常见Na_2SO_4	Cl－Na为主，Cl－Na·Ca次之	交替阻滞带
差(Ⅳ类)	长期受大气水下渗影响	<20	>1.0	>30	<0.2	$NaHCO_3$ Na_2SO_4	Cl－Na，Cl·HCO_3－Na，Cl·SO_4－Na等	自由交替带

6.4 天然气组分分析

6.4.1 天然气组分与运移路径

页岩气的组成影响其在页岩内的吸附行为。傅国旗等(2000)通过实验研究发现乙烷、丙烷等碳氢化合物对活性炭吸附存储甲烷能力有显著的影响，当混合气体中含有乙烷(4.1%)和丙烷(2%)时，甲烷的吸附能力分别下降25%和27%。张淮浩等(2005)也发现乙烷和丙烷等气体能导致吸附剂吸附甲烷能力降低，利用体积吸附评价装置，在20℃、充气压力为3.5 MPa、放气压力为0.1 MPa条件下，对混合气体(CH_4 87.49%，C_2H_6 4.30%，C_3H_8 4.96%，CO_2 0.91%，N_2 1.83%，O_2 0.51%)进行连续12次循环充放气实验，发现甲烷的吸附容量下降了27.5%。由此可见，当乙烷和丙烷等高碳链烷烃含量增加时，页岩气含量降低，岩石对其吸附能力增强。

天然气在地下的运移有两种方式，一种是沿层面、断裂面、不整合面等的渗滤运移,另一种是以逸散方式进行的垂向扩散运移。

上覆岩层如果是超致密层,即良好的盖层,其排替压力大于页岩层中流体剩余压力,则气体只以扩散方式运移,其运移速度是相当缓慢的,页岩层气逸散量可用岩石的扩散系数等参数估算;当页岩层中剩余压力大于上覆盖层排替压力时,气体则以渗流的方式运移,气体逸散速度与气体的有效渗透率及剩余压差有关,剩余压差越大或气体的有效渗透率越高,则逸散越快,此时主要是游离气体逸散,当页岩中压力小于盖层的排替压力时,逸散即告结束,如果气源充足,此过程则重复进行,如超压很高则有可能产生微裂缝从而使气体呈间歇式散失;如果页岩层中没有游离气,而是由于静水压力引起的超压,则只有扩散运移,也就是说在没有压降时,吸附气难以解吸而进行逸散;如果上覆岩层是渗透层(如砂岩或裂隙性泥页岩等),排替压力很小,扩散运移快,气体则会向砂岩中运移,再加之水动力的影响,页岩中吸附气也会从基质中解吸出来转移到渗透层中去;如果上覆岩层是具有生气能力强的烃源岩,则会阻止页岩层甲烷气向上逸散,甚至会向页岩层中输入天然气。

6.4.2 氮气含量与页岩气保存

富氮气体(氮气体积分数大于20%的气体)中的氮绝大部分来自大气,体现了地下与地表的连通程度,是盖层封闭性变差进而导致大气水强烈下渗的直接证据,也是一项直接反映页岩气藏保存条件的指标。氮气可由古大气水下渗或现今大气水下渗形成,可以根据地层水化学参数进行标定。富氮气体通过地表水下潜携带到地下,以过饱和方式脱出从而达到一定程度富集。可以通过测定大气水下渗的气体中含氮量来判断页岩气藏的保存情况,氮气含量高说明热成因页岩气藏的保存条件可能较差,但可能发育生物成因的页岩气藏。富氮天然气通常见于沉积盆地边缘地带、盆地内部的浅层及断裂发育带等,通常与淡化地层水相伴,反映曾经或至今与地面水发生过缓慢交替。天然气组成中的含氮不均也反映页岩气保存存在复杂性。

6.5 高异常地层压力与分布预测

6.5.1 高异常地层压力及原因

地层压力是作用于地层孔隙空间流体上的压力。正常地层压力可由地表至地下任意点地层水的静水压力来表示;但是由于种种因素影响,作用于地层孔隙流体的压力很少等于静水压力。通常我们把偏离正常地层压力趋势线的地层压力称之为异常地层压力,或压力异常,即地下某一特定深度范围的地层中,由于地质因素引起的偏离正常地层静水压力趋势线的地层流体压力,包括异常的超压和欠压。在周围封闭的封存箱(又译作分隔单元)孔隙系统中,由密封的流体形成异常压力。亨特(J. M. Hunt, 1990)提出运用实测的地层流体压力,计算其压力梯度值,鉴别异常压力。引起异常压力的基本地质因素有: ① 地层的抬升剥蚀或沉降埋藏;② 异常热流体或冷流体的影响;③ 成岩作用岩石孔隙的压实或孔隙的扩容等。异常压力是驱动页岩气运移、制约页岩气藏形成与分布、影响页岩气勘探成效的一个重要因素。

美国页岩气的勘探开发表明,页岩气藏的压力系数通常要超过正常压力系数。在美国主要产气页岩中,热成因的页岩气藏一般以超压和微超压为主,这类页岩气藏通常都是在经历足够的埋藏、压实、流体热增压和有机质向烃类转化过程中由于体积的膨胀等引起了高异常地层压力。只有少数生物成因的页岩气藏为正常压力或低压。这类生物成因气埋藏深度比较浅,与大气水有交换沟通。类比我国页岩气选区情况,要加强从区域范围内寻找较好的压力封闭区,有利于页岩气成藏和保存,尤其是目前处在微超压和超压状态的是页岩气勘探值得关注的领域和地区。

6.5.2 地层压力预测

地层压力能对页岩气的成藏和保存形成重要的压力封闭区,地层压力预测就显得非常重要和必要。地层压力预测的研究在油气开采过程中一直受到广泛的关注。纵观地层压力预测方法大体上可以分为两类：一是利用地震速度谱资料按 Dix 公式换算层速度进行地层压力预测，其物理基础是异常压力与速度的对应关系。二是利用井参数进行地层压力预测。井参数包括钻井参数、测井参数和压力测试参数。利用测井参数预测是从测井资料中提取能反映地层压力变化的参数。

可用于地层孔隙压力预测的测井资料有声波时差、密度、中子、电阻率、自然伽马、自然伽马能谱等，归纳起来，这些资料用于预测地层孔隙压力的依据主要有以下 4 种：① 随着深度的增加，孔隙度按指数规律衰减；② 随着深度的增加，放射性强度增加；③ 随着深度的增加，地层水矿化度按指数规律增加；④ 随着深度的增加，地温按线性规律增加。因此，通过建立 $\varphi-H$、$GR-H$、$PW-H$，$T-H$ 正常趋势线，计算实测资料与正常压实趋势线的偏离程度，可以达到预测地层压力的目的。在油田施工过程中，最为常用的方法是根据孔隙度随深度的变化关系，根据等效深度法原理建立 $\varphi-H$ 正常趋势线，对地层压力进行预测。等效深度法原理是如果目标层某一点 A 与正常压实地层深度上一点 B 的速度时差接近，那么地层被压实的程度就接近，这说明地层骨架承受的压力接近，从而认为这两点深度等效。这两个等效深度点之间的地层载荷由地层流体承担，因而引起地层高压（图 6－5）。

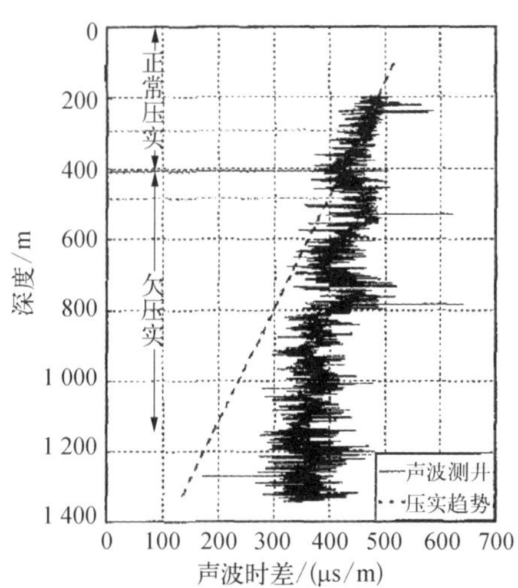

图6－5　高产气井的压实趋势

对于沉积压实作用形成的泥页岩,孔隙度(φ)与垂直有效应力(即上覆岩层压力 p_0)的关系如下:

$$\varphi = \varphi_0 \cdot e^{-Kp_0} \tag{6-7}$$

常压实情况下,泥质沉积物的垂直有效应力随着埋藏深度的增加而逐渐增大,孔隙度减少。因此式(6-7)可以改为孔隙度随深度变化的关系:

$$\varphi = \varphi_0 \cdot e^{-CH} \tag{6-8}$$

式中,C 为地层压缩因子。声波时差与孔隙度之间的关系满足 Wyllie 时间平均公式,即

$$\varphi = \frac{1}{S}\frac{\Delta t - \Delta t_m}{\Delta t_f - \Delta t_m} \tag{6-9}$$

式中,φ 为岩石孔隙度,%;Δt 为地层声波时差,μs/m;Δt_m 为岩石骨架声波时差,μs/m;Δt_f 为地层孔隙流体声波时差,μs/m;S 为校正系数。

地面孔隙度 φ_0 为

$$\varphi_0 = \frac{1}{S}\frac{\Delta t_0 - \Delta t_m}{\Delta t_f - \Delta t_m} \tag{6-10}$$

将式(6-9)、式(6-10)代入式(6-8),化简得

$$\Delta t - \Delta t_{ma} = (\Delta t_0 - \Delta t_m) \cdot e^{-CH} \tag{6-11}$$

由于

$$\Delta t_0 e^{-CH} = \Delta t_{ma}(1 - e^{-CH}) \tag{6-12}$$

所以

$$\Delta t \approx \Delta t_0 e^{-CH} \tag{6-13}$$

式(6-13)又可写为

$$H = \frac{1}{C}\ln \Delta t_0 - \frac{1}{C}\ln \Delta t \tag{6-14}$$

根据 Terzaghi(1923)孔隙介质的有效应力原理和压实平衡方程,很容易得到如下公式:

$$p_B = G_0 H_B + (G_w - G_0) H_A \tag{6-15}$$

式中，H_B 为异常压力深度；H_A 为相应于 H_B 的等效深度；G_0 为上覆地层压力梯度；G_w 为静水压力梯度。该式由 Reynold 早在 1974 年就导出过。在实用中由于 H_A 一般较难确定，所以需引入正常压实趋势线并假定按指数规律变化，将式(6－15)变为

$$p_B = G_0 H_B + (G_0 - G_w)\frac{1}{C}\ln\frac{\Delta t}{\Delta t_0} \tag{6-16}$$

式中，C 为地层压缩因子，数值上等于正常压实趋势线的斜率；Δt_0 为初始地层间隔传播时间，等于正常压实趋势线在时间轴上的截距；Δt 为异常压力带的间隔传播时间。

在正常压实情况下，随着地层埋藏深度的增加，地层孔隙度的减小，声波时差将减小，密度则增大。利用这些井段的测井数据建立正常压实趋势线。在异常高压地层，孔隙流体压力比正常压力高，使得颗粒间有效应力减小，相对于正常压力，地层孔隙度将增大，密度减小，而声波时差值将增大。相反，异常低压地层密度增大，而声波时差减小，将偏离正常压力趋势线。异常压力地层的这些响应特征是利用测井资料预测孔隙压力的依据。

图 6－5 标示出正常压实和欠压实的泥岩位置。对正常压实采用最小二乘法进行拟合，得到压实趋势线。在建立正常压实趋势线时，泥岩层段声波时差数据的选取十分重要。正常压实泥岩层段数据的读取应注意以下几点：① 尽量选取较纯的泥岩段，其测井曲线特征应该是自然电位基线无异常，自然伽马为高值，电阻率为低值；② 泥岩段应该有一定的厚度，薄泥岩层测井值受围岩影响较大而不可靠；③ 不能选择有井壁坍塌或缩径的地层段，井径过大或过小都会使时差曲线不能真实反映地层的真实情况；④ 在每一层段都应多读取几个声波时差值，取其平均值。

6.6 页岩气保存条件综合评价

6.6.1 综合评价指标体系

针对我国页岩气发育区的构造活动及其复杂的现状，笔者提出了宏观页岩气藏保

存条件评价的思路(图6-6),强调构造运动是影响保存条件、页岩气藏破坏与散失的根本原因,页岩气藏保存条件的研究首先应从各期次的构造运动对保存条件所产生的影响开始。宏观页岩气藏保存体系是指受宏观构造地质背景控制的区域盖层和断裂系统所组成的立体封闭体系,体系内体现了由构造运动引起的断裂作用、岩浆活动和抬升剥蚀以及盖层发育状况等条件是页岩气藏得以富集和保存的最直接因素。

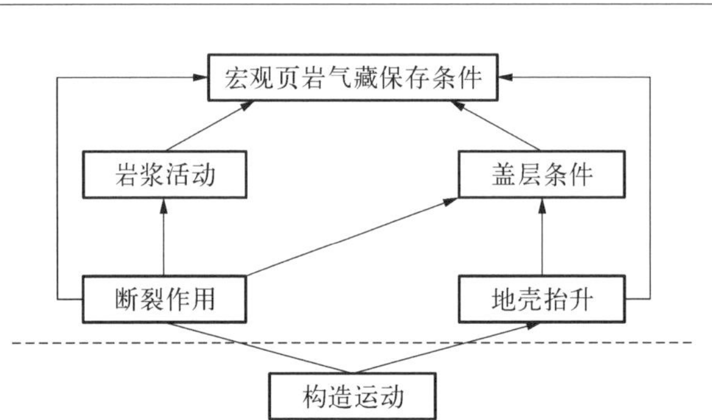

图6-6　宏观页岩气藏保存条件评价因素响应关系及评价思路(据汤济广等修改,2015)

页岩气藏的综合评价指标体系包括:页岩气藏的物质基础、后期构造作用及其演化历史、氮气含量、地层水性质、地层水化学特征参数、氢氧同位素、区域水动力条件、地层压力情况、盖层及其微观性质、岩浆活动程度、天然地震以及动态评价指标。

6.6.2　评价方法及有利区预测

为了综合反映页岩气藏保存条件,定义一个综合评价参数反映各种地质因素对页岩气藏保存条件的综合作用,即

$$I = \frac{p_{\mathrm{d}}H}{kt} \tag{6-17}$$

式中,I 为气藏保存条件综合评价参数;p_{d}为盖层排替压力;H 为盖层厚度;k 为压力因数;t 为气藏保存时间。其中,H 可由钻井统计获得;p_{d}可由盖层岩心样品通过测试求

得;k 可由气藏压力实测资料计算求得;t 可利用流体包裹体均一温度和伊利石测年技术等方法确定的气藏形成时间来计算。

页岩气藏保存条件综合评价技术体系需要从以下几个互为成因联系的方面进行。

(1) 页岩气藏的物质基础是页岩气藏保存条件研究最基础的内容,也是页岩气藏的最根本的因素,主要包括页岩的厚度和面积、有机地化指标、物性特征和矿物组成等。

(2) 后期构造作用及其演化历史是影响页岩气藏生成、聚集、保存和破坏与散失的根本原因,构造运动分析的主要研究内容包括构造运动的期次、褶皱变形的强度、构造演化史、断裂和裂缝的性质、发育规模及其填充程度、层滑构造发育程度以及页岩地层抬升剥蚀过程及幅度等。

(3) 氮气含量、地层水性质、地层水化学特征参数、氢氧同位素、区域水动力条件以及地层压力等指标是判断页岩气藏保存状况好坏的判识性指标,同时也是物质基础和构造运动的综合反映,是判断现今页岩气藏保存条件的直接指标。

(4) 盖层及其微观性质是针对中国多期次强烈复杂构造背景下,在评价页岩气藏保存条件时必须考虑的一个重要因素。页岩层系自身的非均质性是页岩封闭页岩气的先决条件,致密的硅质层或石灰岩层可以将页岩气封闭在相对较软的炭质页岩层内。同时页岩气藏目的层系之上也要有盖层保护,可以是碳酸盐岩、膏盐层或泥质岩。

(5) 强烈的岩浆活动对页岩气藏具有非常大的破坏作用,所以在综合评价页岩气藏好坏时,要考虑到岩浆活动的影响。

(6) 目前比较常用的页岩气藏保存条件评价的静态指标有页岩的物质基础、氮气的含量、地层水指标、地层压力、盖层发育情况、地壳抬升程度、褶皱发育程度、裂缝和断裂发育程度以及岩浆活动情况等。

评价页岩气藏保存条件不能只应用静态指标,也要进行动态的评价,这样就要求加强盆地的演化史研究,恢复不同时期的盆地原型,动态地反映盆地改造过程,从而在区域上对页岩气藏的发育和保存条件进行控制。可以通过对页岩气藏直接盖层之上地层中古流体来源的地球化学示踪,对页岩气藏的保存条件进行动态评价。各种地质因素在时间和空间上的组合关系也是页岩气藏保存条件应该考虑的关键条件。

另外，还要考虑天然地震对页岩气藏保存条件的影响。天然地震是以岩石快速破裂和能量快速释放为特征的构造运动，总是与断层活动相伴生。中国绝大多数地震与区域性大断裂有成因联系，大多数强地震带受近代活动性大断裂的控制。一般认为余震范围就是地震能量蓄积范围，与发育构造裂缝的范围大致相当，而破坏性地震发生的频率可以看作较大规模构造裂缝发生的频率。由于地震存在周期性特征，而且与断层和裂缝相关，因此，可以根据一段时期内地震的分布情况在宏观上预测断裂和裂缝的分布，从而进一步讨论区域性的页岩气保存条件。

在页岩气藏保存条件评价过程中，应具体问题具体分析，将页岩气藏保存条件的各个方面综合起来进行判断，不能以一个指标的好坏而肯定或否定一个地区，如即使地层水矿化度较低、变质系数较高，也可能发育生物成因页岩气藏，这就需要根据实际地质条件进行详细的研究。

参考文献

[1] Hill D G, Nelson C R. Reservoir properties of the Upper Cretaceous Lewis Shale, a new natural gas play in the San Juan Basin. AAPG Bulletin, 2000, 84(8): 1240.

[2] Curtis J B. Fractured shale-gas systems. AAPG Bulletin 2002, 86 (11): 1921 - 1938.

[3] Warlick D. Gas shale and CBM development in North America. Oil and Gas Financial Journal, 2006, 3(11): 1 - 5.

[4] 李新景,胡素云,程克明. 北美裂缝性页岩气勘探开发的启示. 石油勘探与开发, 2007,34(4): 392 - 400.

[5] Montgomery S L, Jarvie D M, Bowker K A, et al. Mississippian Barnett Shale, Fort Worth Basin, north-central Texas: Gas-shale play with multi-trillion cubic foot potential. AAPG Bulletin, 2005, 89(2): 155 - 175.

[6] Bowker K A. Barnett Shale gas production, Fort Worth Basin: Issues and discussion. AAPG Bulletin, 2007, 91(4): 523 - 533.

[7] 李登华,李建忠,王社教,等. 页岩气藏形成条件分析. 天然气工业,2009,29(5): 22 - 26.

[8] 张利萍,潘仁芳.页岩气的主要成藏要素与气储改造.中国石油勘探,2009(3):20－23.

[9] Hill D G, Lombardi T E. Fractured gas shale potential in New York. Colorado: Arvada, 2002: 1－1.

[10] Nelson R A. Geologic analysis of naturally fractured reservoirs: Contributions in petroleum geology and engineering. Houston: Gulf Publishing Company, 1985: 320.

[11] 王兰生,邹春艳,郑平,等.四川盆地下古生界存在页岩气的地球化学依据.天然气工业,2009,29(5):59－62.

[12] 王社教,王兰生,黄金亮,等.上扬子区志留系页岩气成藏条件.天然气工业,2009,29(5):45－50.

[13] Price N J. Fault and Joint Development in Brittle and Semi-brittle Rock. Oxford, England: Pergamon Press, 1966: 221－240.

[14] 徐春华,唐春荣,李德同,等.火烧山油田储层岩石力学特征与裂缝分布.新疆石油学院学报,2000,12(4):10－14.

[15] 俞茂宏.双剪强度理论及其应用.北京:科学出版社,1998:195－197.

[16] 昝月稳,俞茂宏,王思敬.岩石的非线性统一强度准则.岩石力学与工程学报,2002,21(10):1435－1441.

[17] 潘仁芳,伍媛,宋争.页岩气勘探的地球化学指标及测井分析方法初探.中国石油勘探2009,14(3):6－9,28.

[18] Jarvie D M, Hill R J, Pollastro R M, et al. Evaluation of unconventional natural gas prospects, the Barnett Shale fractured shale gas model: European Association of International Organic Geochemists Meeting, Poland, September 8－12, 2003. Poland: Krakow, 2003.

[19] Martini A M, Walter L M, Ku T C W, et al. Microbial production and modification of gases in sedimentary basins: A geochemical case study from a Devonian shale gas play, Michigan basin. AAPG Bulletin, 2003, 87(8): 1355－1375.

[20] Decker A D, et al. Stratigraphy, gas occurrence, formation evaluation and fracture characterization of the Antrim shale, Michigan Basin: Gas Research Institute Topical Report. Contract, 1992(5091－213): 2305.

[21] Hill D G, Nelson C R. Gas productive fractured shales-an overview and update. Gas TIPs, 2000, 6(2): 4－13.

[22] 丁文龙,许长春,久凯,等. 泥页岩裂缝研究进展. 地球科学进展,2011,26(2): 135－144.

[23] 吴礼明,丁文龙,张金川,等. 渝东南地区下志留统龙马溪组富有机质页岩储层裂缝分布预测. 石油天然气学报,2011,33(9): 43－46.

[24] 邹才能,董大忠,王社教,等. 中国页岩气形成机理、地质特征及资源潜力. 石油勘探与开发,2010,37(6): 641－653.

[25] 陈定宏,曾志琼,吴丽芸. 裂缝性油气储集层勘探的基本理论与方法. 北京: 石油工业出版社,1985.

[26] 丁文龙,李超,李春燕,等. 页岩裂缝发育主控因素及其对含气性影响. 地质前缘,2012,19(2): 212－220.

[27] 李新景,吕宗刚,董大忠,等. 北美页岩气资源形成的地质条件. 天然气工业,2009,29(5): 27－32.

[28] 聂海宽,张金川,张培先,等. 福特沃斯盆地 Barnett 页岩气藏特征及启示. 地质科技情报,2009,28(2): 87－93.

[29] 谭蓉蓉. 页岩气成为美国新增探明储量的主力军. 天然气工业,2009,(5): 81.

[30] 孙岩,陆现彩,舒良树,等. 岩石中纳米粒子层的观察厘定及地质意义. 地质力学学报,2008,14: 37－44.

[31] 聂海宽,唐玄,边瑞康. 页岩气成藏控制因素及中国南方页岩气发育有利区预测. 石油学报,2009,30(4): 484－491.

[32] 张金川,金之钧,袁明生. 页岩气成藏机理和分布. 天然气工业,2004,24(7): 15－18.

[33] 陈更生,董大忠,王世谦,等. 页岩气藏形成机理与富集规律初探. 天然气工业,2009,29(5): 17－21.

[34] 曾联波,肖淑蓉. 低渗透储集层中的泥岩裂缝储集体. 石油实验地质,1999,21(3):266-269.

[35] 姜照勇,孟江,祁寒冰,等. 泥岩裂缝油气藏形成条件与预测研究. 西部探矿工程,2006,(8):94-96.

[36] 黄龙威. 东濮凹陷文留中央地垒带泥岩裂缝性油气藏研究. 石油天然气学报,2005,27(3):289-292.

[37] Ghosh K, Mitra S. Two-dimensional simulation of controls of fracture parameterson fracture connectivity. AAPG Bulletin, 2009, 93(11):1517-1533.

[38] 宁方兴. 东营凹陷现河庄地区泥岩裂缝油气藏形成机制. 新疆石油天然气,2008,4(1):20-25.

[39] 向立宏. 济阳坳陷泥岩裂缝主控因素定量分析. 油气地质与采收率,2008,15(5):31-37.

[40] 姬美兰,赵旭亚,岳淑娟,等. 裂缝性泥岩油气藏勘探方法. 断块油气田,2002,9(3):19-22.

[41] 张金功,袁政文. 泥质岩裂缝油气藏的成藏条件及资源潜力. 石油与天然气地质,2002,23(4):336-338,347.

[42] 丁文龙,张博闻,李泰明. 古龙凹陷泥岩非构造裂缝的形成. 石油与天然气地质,2003,24(1):50-54.

[43] 赵振宇,周瑶琪,马晓鸣. 泥岩非构造裂缝与现代水下收缩裂缝相似性研究. 西安石油大学学报(自然科学版),2008,23(3):6-11.

[44] 谭廷栋. 裂缝性油气藏测井解释模型与评价方法. 北京: 石油工业出版社,1987.

[45] 安丰全. 利用测井资料进行裂缝的定量识别. 石油物探,1998,37(3):119-123.

[46] 丁文龙,漆立新,吕海涛,等. 利用FMI资料分析塔河油田南部中-下奥陶统储层构造应力场. 现代地质,2009,23(5):853-859.

[47] Wu Haiqing, Pollard D. Maging 3-D fracture networks around boreholes. AAPG Bulletin, 2002, 86(4):593-604.

[48] 李守田,汪玉泉,袁伯琰. D指数在泥岩裂缝储层解释中的应用. 大庆石油地质与开发,2001,20(5):15-16.

[49] Mallick S, Craft K L, J Meister L, et al. Determination of the principal directions of azimut anisotropy from P-wave seismic data. Geophysics, 1998, 63 (2): 692－706.

[50] 王延光,杜启振. 泥岩裂缝性储层地震勘探方法初探. 地球物理学进展,2006,21(2):494－501.

[51] 蒋礼宏. 利用地震资料研究 ZJD 地区泥岩、泥灰岩裂缝的分布规律. 江汉石油学院学报,2003,25(2):49－51.

[52] 丁文龙,曾维特,王濡岳,等. 页岩储层构造应力场模拟与裂缝分布预测方法及应用. 地质前缘,2016,23(2):63－74.

[53] 金燕,张旭. 测井裂缝参数估算与储层裂缝评价方法研究. 天然气工业,2002,22(z1):64－67.

[54] 王拥军,夏宏泉,范翔宇. 低孔-裂缝型碳酸盐岩储层常规测井评价研究. 西南石油学院学报,2002,24(4):9－12.

[55] 王春燕,高涛. 火山岩储层测井裂缝参数估算与评价方法. 天然气工业,2009,29(8):38－41.

[56] 张吉昌,刘月田,丁燕飞,等. 裂缝各向异性油藏孔隙度和渗透率计算方法. 中国石油大学学报(自然科学版),2006,30(5):62－66.

[57] 秦启荣,张烈辉,刘莉萍,等. 裂缝孔隙度数值评价技术. 天然气工业,2004,24(2):47－51.

[58] 薛永超,程林松. 裂缝性低渗透砂岩油藏测井渗透率校正. 测井技术,2006,30(3):228－229.

[59] 黎洪,彭苏萍,张德志. 裂缝性油藏主渗透率及主裂缝方向识别方法. 石油大学学报(自然科学版),2002,26(2):44－46.

[60] 秦启荣,黄平辉,周远志,等. 全直径样品分析在测井解释裂缝孔隙度中的应用研究——以克拉玛依油田百 31 井区二叠系油藏为例. 天然气地球科学,2005,16(5):637－640.

[61] 李志勇,曾佐勋,罗文强. 褶皱构造的曲率分析及其裂缝估算——以江汉盆地王场褶皱为例. 吉林大学学报(地球科学版),2004,34(4):517－521.

[62] 李志勇,曾佐勋,罗文强. 裂缝预测主曲率法的新探索. 石油勘探与开发,2003,30(6):83-85.

[63] Ozkaya S. Curva — a program to calculate magnitude and direction of maximum structural curvature and fracture flow index. Computers and Geosciences, 2002, 28: 399-407.

[64] Aguilera R. Naturally fractured reservoirs. Tulsa, Okla.: Petroleum Publishing Company, 1980.

[65] Snow D T. Anisotropic permeability of fractured media. Water Resources Research, 1969, 5(6): 1273-1289.

[66] 李时涛,王宣龙,项建新. 泥岩裂缝储层测井解释方法研究. 特种油气藏,2004,11(6):12-15.

[67] Laubach S E. A method to detect natural fracture strike in sandstones. AAPG Bulletin, 1997, 81: 604-623.

[68] Laubach S E. Practical approaches to identifying sealed and open fractures. AAPG Bulletin, 2003, 87(4): 561-579.

[69] 丁文龙,姚佳利,何建华. 非常规油气储层裂缝识别方法与表征. 北京: 地质出版社,2015.

[70] 苏朝光,刘传虎,王军,等. 相干分析技术在泥岩裂缝油气藏预测中的应用. 石油物探,2002,41(2):197-201.

[71] 苏朝光,刘传虎,高秋菊. 胜利油田罗家地区泥岩裂缝油气藏地震识别与描述技术. 石油地球物理勘探,2001,36(3):371-377.

[72] 张帆,贺振华,黄德济,等. 预测裂隙发育带的构造应力场数值模拟技术. 石油地球物理勘探,2000,35(2):154-163.

[73] 唐湘蓉,李晶. 构造应力场有限元数值模拟在裂缝预测中的应用. 特种油气藏,2005,12(2):25-29.

[74] 周新桂,操成杰,袁嘉音,等. 油气盆地储层构造裂缝定量预测研究方法及其应用. 吉林大学学报(地球科学版),2004,34(1):79-84.

[75] 石胜群. 三维构造应力场数值模拟技术预测泥岩裂缝研究应用. 中国西部科技,

2008,7(27):15－18.

[76] Mclennan J A, Allwardt P F, Hennings P H. Multivariate fracture intensity prediction: Application to Oil Mountain anticline, Wyoming. AAPG Bulletin, 2009, 93(11): 1585－1595.

[77] Camac B A, Hunt S P. Predicting the regional distribution of fracture networks using the distinct element numerical method. AAPG Bulletin, 2009, 93(11): 1571－1583.

[78] Jenkins C, Ouenes A, Zellou A, et al. Quantifying and predicting naturally fractured reservoir behavior with continuous fracture models. AAPG Bulletin, 2009, 93(11): 1597－1608.

[79] 梁兴,叶熙,张介辉,等. 滇黔北下古生界海相页岩气藏赋存条件评价. 海相油气地质,2011,16(4):11－21.

[80] 聂海宽,何发岐,包书景,等. 中国页岩气地质特殊性及其勘探对策. 天然气工业,2011,31(11):111－116.

[81] 王社教,杨涛,张国生,等. 页岩气主要富集因素与核心区选择及评价. 中国工程科学,2012,14(6):94－100.

[82] 郭旭升,郭彤楼,魏志红,等. 中国南方页岩气勘探评价的几点思考. 中国工程科学,2012,14(6):101－105.

[83] 梁兴,叶熙,张介辉,等. 滇黔北坳陷威信凹陷页岩气成藏条件分析与有利区优选. 石油勘探与开发,2011,38(6):693－699.

[84] 毛俊莉,李晓光,单衍胜,等. 辽河东部地区页岩气成藏地质条件. 地学前缘,2012,19(5):348－355.

[85] 陈子炓,姚根顺,楼章华,等. 桂中坳陷及周缘油气保存条件分析. 中国矿业大学学报,2011,40(1):80－86.

[86] 胡绪龙,李瑾,张敏,等. 地层水化学特征参数判断气藏保存条件——以呼图壁、霍尔果斯油气田为例. 天然气勘探与开发,2008,31(4):23－26.

[87] 王祥,韩剑发,于红枫,等. 塔中北斜坡奥陶系鹰山组地层水特征与油气保存条件. 石油天然气学报,2012,34(5):25－29.

[88] 楼章华,金爱民,付孝悦,等. 海相地层水文地球化学与油气保存条件评价. 浙江大学学报(工学版),2006,40(3):501-505.

[89] 聂海宽,包书景,高波,等. 四川盆地及其周缘下古生界页岩气保存条件研究. 地学前缘,2012,19(3):280-294.

[90] 张雪芬,陆现彩,张林晔,等. 页岩气的赋存形式研究及其石油地质意义. 地球科学进展,2010,25(6):597-603.

[91] Gale J F W, Reed R M, Holder J. Natural fractures in the Barnett Shale and their importance for hydraulic fracture treatments. AAPG Bulletin, 2007, 91(4): 603-622.

[92] Pang X Q, Zhao W Z, Su A G, et al. Geochemistry and origin of the giant Quaternary shallow gas accumulations in the eastern Qaidam Basin, NW China. Organic Geochemistry, 2005, 36: 1636-1649.

[93] 雷宇,王凤琴,刘红军,等. 鄂尔多斯盆地中生界页岩气成藏地质条件. 油气田开发,2011,29(6):49-54.

[94] 李建忠,李登华,董大忠,等. 中美页岩气成藏条件、分布特征差异研究与启示. 中国工程科学,2012,14(6):56-62.

[95] 王建麾,王海波. 杭锦旗地区上古生界油气保存条件分析. 内蒙古石油化工,2008,21:136-137.

[96] 路中侃,魏小薇,陈京元,等. 川东地区石炭系气水分布规律与保存条件. 石油勘探与开发,1994,21(1):114-115.

[97] 赵建成,刘树根,孙玮,等. 龙门山与四川盆地结合部的油气保存条件分析. 岩性油气藏,2011,23(1):79-85.

[98] 王志荣,蒋博,靳建市. "三软"煤层顶板力学性能对瓦斯保存条件的影响. 中国煤炭地质,2011,23(5):17-21.

[99] 彭先焰,唐宏,张晓龙,等. 二连盆地盖层条件与油气保存. 西安石油学院学报(自然科学版),2002,17(5):14-16.

[100] 郝石生,陈章明. 天然气藏的形成和保存. 北京:石油工业出版社,1995.

[101] 李梅,金爱民,楼章华,等. 南盘江坳陷海相油气保存条件与目标勘探区块优选.

中国矿业大学学报,2011,40(4):566 - 575.

[102] 张一伟,熊琦华,王志章,等. 陆相油藏描述. 北京:石油工业出版社,1997.

[103] 莫汝郡. 页岩气勘探开发现状及成藏规律. 科技前沿,2011:3 - 5.

[104] 何发岐,朱彤. 陆相页岩气突破和建产的有利目标——以四川盆地下侏罗统为例. 石油实验地质,2012,34(3):246 - 251.

[105] 姜福杰,庞雄奇,欧阳学成,等. 世界页岩气研究概况及中国页岩气资源潜力分析. 地学前缘,2012,19(2):198 - 211.

[106] 付广,王剑秦. 地壳抬升对油气藏保存条件的影响. 天然气地球科学,2000,11(2):18 - 24.

[107] Shurr G W, Ridgley J L. Unconventional shallow biogenic gas systems. AAPG Bulletin, 2002, 86(11):1939 - 1969.

[108] 杨磊,温真桃,宋洋,等. 川东上三叠统气藏保存条件研究. 石油地质与工程,2009,23(2):22 - 25.

[109] 罗啸泉,李书兵,何秀彬,等. 川西龙门山油气保存条件探讨. 石油实验地质,2010,32(1):10 - 14.

[110] James R B, Eichhubl P, Garven G, et al. Evolution of a hydrocarbon migration pathway along Basin-bounding Faults: Evidence from fault cement. AAPG, 2004, 88(7):947 - 970.

[111] 陆正元,徐国强. 川南地区断层带油气保存条件定量预测. 成都理工学院学报,1998,25(增刊):150 - 155.

[112] Gartrell A, Bailey W R, Brincat M. A new model for assessing trap integrity and oil preservation risks associated with postrift fault reactivation in the Timor sea. AAPG, 2006, 90(12):1921 - 1944.

[113] 池卫国. 鄂尔多斯南缘逆冲推覆带古生界天然气藏的保存条件. 断块油气田,1999,6(3):5 - 7.

[114] 吴欣松,姚睿,龚福华,等. 川西须家河组水文保存条件及其勘探意义. 石油天然气学报,2006,28(5):47 - 50.

[115] 陈祥,严永新,章新文,等. 南襄盆地泌阳凹陷陆相页岩气形成条件研究. 石油实

验地质,2011,33(2):137－147.

[116] 王伟锋,陆诗阔,谢向阳,等. 阜新盆地的油气保存条件. 新疆石油地质,1998,19(3):202－206.

[117] 楼章华,尚长健,姚根顺,等. 桂中坳陷及周缘海相地层油气保存条件. 石油学报,2011,32(3):432－441.

[118] 李金良,张岳桥,柳宗泉,等. 胶莱盆地改造作用与油气保存条件. 中国石油大学学报(自然科学版),2008,32(6):28－32.

[119] 刘成林,汪泽成,冉启贵,等. 煤层气藏保存条件评价. 天然气勘探与开发,1998,21(1):1－5.

[120] 汤济广,梅廉夫,沈传波,等. 滇黔桂地区海相地层油气宏观保存条件评价. 地质科技情报,2005,24(2):7－11.

[121] Rodriguez N D, Philp R P. Geochemical characterization of gases from the Mississippian Barnett Shale, Fort Worth Basin, Texas. AAPG Bulletin, 2010, 94(11): 1641－1656.

[122] 王新洲,宋一涛,王学军. 石油成因与排油物理模拟——方法、机理及应用. 东营: 石油大学出版社, 1996: 1－50.

[123] 李明诚. 石油与天然气运移. 北京: 石油工业出版社,2004: 50－103.

[124] Nelson P H. Pore-throat sizes in sandstones, tight sandstones, and shales. AAPG Bulletin, 2009, 93(3): 329－340.

[125] Montgomery S L, Morea M F. Antelope shale (Monterey Formation), Buena Vista Hills field: Advanced reservoir characterization to evaluate CO_2 injection for enhanced oil recovery. AAPG Bulletin, 2001, 85(4): 561－586.

[126] Loucks R G, Ruppel S C. Mississippian Barnett Shale: Lithofacies and depositional setting of a deep-water shale-gas succession in the Fort Worth Basin, Texas. AAPG Bulletin, 2007, 91(4): 579－601.

[127] 刘惠民,张守鹏,王朴,等. 沾化凹陷罗家地区沙三段下亚段页岩岩石学特征. 油气地质与采收率,2012,19(6):11－15.

[128] 蔡希源. 湖相烃源岩生排烃机制及生排烃效率差异性——以渤海湾盆地东营凹

陷为例. 石油与天然气地质,2012,33(3):229－334,345.

[129] 王冰洁. 东营凹陷超压特征及演化与油气驱动机制. 武汉:中国地质大学(武汉)博士学位论文,2012:69－71.

[130] 刘华,蒋有录,宋国齐,等. 渤海湾盆地东营凹陷沙四下亚段地层压力演化与天然气成藏. 沉积学报,2012,30(1):197－203.

[131] 傅国旗,周理. 天然气吸附存储实验研究Ⅱ. 少量丙烷和丁烷对活性炭存储能力的影响. 天然气化工(C_1 化学与化工),2000,25(6):22－24.

[132] 张淮浩,陈进富,李兴存,等. 天然气中微量组分对吸附剂性能的影响. 石油化工,2005,34(7):656－659.

[133] 丁文龙,金文正,刘维军. 多信息断层分析性综合评价系统研究及应用. 北京:地质出版社,2012.

[134] 丁文龙,金文正,樊春,等. 油藏构造分析. 北京:石油工业出版社,2013.

[135] 久凯,丁文龙,李春燕,等. 含油气盆地古构造恢复方法研究及进展. 岩性油气藏,2012,24(1):13－19.

[136] 付景龙,丁文龙,曾维特,等. 黔西北地区构造对下寒武统页岩气藏保存的影响. 西南石油大学学报(自然科学版),2016,38(5):22－32.